坦克,前进!

★

[德] 海因茨·威廉·古德里安 著

胡晓琛 译

台海出版社

图书在版编目（CIP）数据

坦克，前进！／（德）海因茨·威廉·古德里安著；
胡晓琛译． -- 北京：台海出版社，2023.2
　ISBN 978-7-5168-3453-4

　Ⅰ．①坦… Ⅱ．①海… ②胡… Ⅲ．①坦克－装甲兵
部队－战例－世界 Ⅳ．① E923.1

中国版本图书馆 CIP 数据核字（2022）第 232220 号

坦克，前进！

作　　者：[德]海因茨·威廉·古德里安	译　　者：胡晓琛
出 版 人：蔡　旭	责任编辑：戴　晨
装帧设计：王　星	策划编辑：谭兵兵

出版发行：台海出版社
地　　址：北京市东城区景山东街 20 号　　　　邮政编码：100009
电　　话：010－64041652（发行，邮购）
传　　真：010－84045799（总编室）
网　　址：www.taimeng.org.cn/thcbs/default.htm
E－mail：thcbs@126.com

经　　销：全国各地新华书店
印　　刷：重庆长虹印务有限公司
本书如有破损、缺页、装订错误，请与本社联系调换

开　　本：787毫米×1092毫米	1/16
字　　数：229千	印　张：13.5
版　　次：2023年2月第1版	印　次：2023年2月第1次印刷
书　　号：ISBN 978-7-5168-3453-4	

定　　价：79.80元

前　言

　　海因茨·威廉·古德里安，1888 年 6 月 17 日生于维斯瓦河畔库尔姆的一个猎兵军官家庭。在 6 年的军校生涯后，他于 1907 年成为候补军官，加入了汉诺威的第 10 猎兵营。几年后，与戈斯拉尔一位医生的女儿结了婚，育有二子，也都投身军旅。

　　家庭传统和普鲁士军人传统影响了古德里安的生活和观念。对他来说，这些传统意味着义务、服从、责任感和事业心。他认为，士兵必须完成上级要求他完成的一切，而上级在遇到自己职责范围内的涉及手下士兵健康和福利的事情时，必须真诚地维护士兵的利益。他也一直在遵照这一立场行动。1941 年圣诞节，正是由于极力维护手下的装甲集团军的利益，他被解除了集团军司令一职。当时他的集团军被要求在东欧的严寒中完成不可能完成的任务。

　　个人天赋和初任军职时在戈斯拉尔猎兵营所受的教育，使古德里安获得了指挥装甲兵所必备的一切素质。其中首要的素质便是：不屈不挠的意志，出其不意、迅猛杀敌的果断，以及对各类地形作战可行性的敏锐领悟力。此外，他作为总参谋部军官受到了全面而扎实的训练，他的秉性也使他深思熟虑后下定的决心能够迅速付诸实现。

　　1922 年，古德里安被任命为国防部运输部队总监。自此开始，他就凭借一个德军总参谋部军官的缜密态度，深入研究了有关摩托化部队的技术和战术使用的所有问题。他很快认识到，随着坦克速度的日益提高与发动机功率的不断加大，步兵的进攻速度也显著加快，从而产生了新的任务和目标。古德里安在研究外国的经验，特别是与他观点接近的英国军事作家富勒和利德尔·哈特的观点以后，在讲话和著作中反复指出，发动机统治陆、海、空的新时代将会开始，它的潜能将不断增长。

　　当时只有 7 个营的德军汽车兵，欣然接受了古德里安的摩托化作战理论，借助以汽车底盘制作的坦克模型和英军装甲兵条例进行训练，积累了初期的经验。柏林的汽车兵特别教导部还开设了战术和技术课程，专门负责对军官进行理论教育。真正开始创建新兵种，始于 1931 年,古德里安被任命为运输部队总监部参谋长。

此后，汽车兵被改编为作战部队并重整装备。

1933 年，随着政治形势的变化，军队的摩托化得到了极大的推动。一些骑兵团也开始被改编成摩托化步兵部队。除了运输部队总监部之外，还建立了一个具有总部职能的兵种中央部门——"机动车作战部队司令部"，由古德里安担任该部参谋长。

1935 年夏天，德军正式编成 3 个装甲师，统归"装甲兵司令部"指挥。古德里安担任第 2 装甲师师长，可以根据自己的想法来训练该师。

"二战"开始后，古德里安麾下的装甲兵取得了多次震惊世界的胜利，验证了他的理论的正确性。"闪电战"和古德里安的名字一起载入史册。

古德里安在 1941 年年底被停职后，1943 年 3 月才得到起用，出任装甲兵总监。1945 年 3 月初，古德里安作为一个令人不舒服的劝诫者再次被暂时停职。此后，他对战争最后几个月的事态没有任何影响。德军投降后，他成了美军的俘虏。

1948 年获释后，古德里安带着极大的兴趣关注着战后的政治和军事事件，特别是对前敌国装甲兵的进一步发展，并与西方著名的坦克专家交换意见。

1954 年 5 月 14 日，古德里安逝世。

从最初的探索性试验和模型坦克演习到建立一个新的兵种，从至关重要的设计第一批坦克到批量生产，从训练小分队到指挥大兵团，古德里安为装甲兵的建设做了大量工作。本书是这位德军装甲兵缔造者的遗作。书中介绍了：1935 至 1945 年间德军装甲兵战术在分队指挥领域内的发展情况，总结了德军装甲兵在第二次世界大战中的作战经验，还阐述了古德里安在著作和讲话中、在各种场合中一再表达的思想与理论。

本书依据 1957 年德文版翻译而成。书中引用的德文词汇为原文所有。

目 录

坦克行动的一般原则

一、坦克的性质及任务

运用装甲部队相当于此前运用骑士军团和弗里德里希大帝[①]的骑兵，但前者在机动性、行动半径和冲击力方面远超后者。

——克诺贝尔斯多夫[②]

坦克的发展史已经表明，现代坦克在满足各项战术要求之前，不知走了多少弯路，积累了多少经验。在运输部队总监部的影响下，德军统帅部根据下列认识评价了这种新式武器：

坦克将旧式武器中只是分别具有的特性集合在一起，因而消除了其他武器的众多局限性。相应地，它必然优于这些武器。坦克积极方面的特性是火力与机动性，消极方面的特性是装甲防护力。使这些特性相互间形成适当的关系，对任何装甲车辆发挥战斗力都至关重要。

优点

1. 坦克拥有能够紧贴不平整地形的履带，即使在战场上也能快速灵活地移动。随着履带宽度的增加，其越野能力也在不断提升。

2. 只要有油料并且处于运转中，发动机就可以不停地工作，不会像人和牲畜那样过早地精疲力竭。要想保持运动战，就必须充分利用发动机的效率。

3. 坦克可装备数种武器，这些武器能迅速做好开火的准备，能够在短时间内摧毁远距离的装甲目标和非装甲目标。

4. 坦克炮塔可以旋转360度，这样就可以迅速向突然出现的目标开火，而且武器不必变换阵地。

5. 坦克携带的油料和弹药受到保护。这大大加快了其投入作战的速度。

6. 每辆坦克都有自己的通信设备，所以乘员可以听到连长的口令，并同本车车长通话。这使指挥坦克的灵活性和传达所有口令的可靠性大为提高。

---

① 弗里德里希大帝（Friedrich der Große，1712—1786，又译作腓特烈大帝），普鲁士国王，政治家和军队统帅，在胜利结束七年战争后确立了普鲁士在欧洲的地位。——译者注

② 奥托·冯·克诺贝尔斯多夫（Otto von Knobelsdorff，1886—1966），装甲兵上将，曾任国防军第1集团军司令。——译者注

7. 坦克像曾经的中世纪骑士一样，全身始终披着护甲。即便处于仍被敌人占领的地带，坦克的钢质外壳可以保护乘员和各重要部件（发动机、油料、电台和弹药）抵御各种威力的反坦克武器。

8. 坦克巨大的车体，发动机和履带的噪声，它的向前运动，尤其是弹道低伸的武器的高速连续射击，对任何敌人都能造成强烈的士气打击。

缺点

1. 坦克目标大，因此在停止间和近距离内容易被击中。

2. 坦克的强烈噪声使乘员难以评估战况，并会使车辆过早地暴露。

3. 为了安全起见，观察孔很窄，加上行驶过程中的颠簸，使得坦克乘员不易观察战场，特别是不易发现壕沟内或伪装良好的敌人。因此，全车乘员都要参与观察战场，车长还经常要从打开的炮塔探出车外观察。这会带来危险。

4. 坦克需要弹道极为低伸的武器来迅速准确地命中目标。因此，可能难以击中壕沟内处于隐蔽位置的敌方人员或武器。

5. 坦克很精巧，难以操作。它像任何技术设备一样，需要专业人员的维护和经常性的保养。还不易及时获得备件和拖走需要维修的车辆。

6. 制造坦克的成本很高。原材料缺乏和技术人员不足都会使坦克产量大大降低。（大战期间制造一辆坦克，需要 1000 人花费 10 天的时间。）

由这些优点和缺点得出了以下作战原则。

坦克作战的原则

1. 坦克因其越野能力而成为一种机动性很强的武器。它前进的速度越快，留给敌人瞄准的时间就越短，敌人瞄准就越不准确。坦克还能在行进间交互跃进，不间断地利用自身强大的火力。因此，它是决定胜负的进攻性武器。

2. 只有实施纵深进攻，部队在成功突破后能进行追击，坦克才能充分施展自身的机动性和火力。

3. 为了突破敌人的坚固防御，必须集中投入坦克。投入坦克的规模越大，取胜就越快，胜果就越大，影响就越深远，自己的损失也就越小。

4. 坦克必须选择能迅速前进的地形行动。只有在这样的地形中，才能充分发挥其远程武器的威力和互相进行火力支援的能力。

5. 坦克必须出其不意地进行攻击，而且要尽量攻击确切的或疑似的薄弱位置。这会打乱敌人的防御措施。

6. 坦克需要与它相辅相成的协同兵种（Begleitwaffen），协同兵种要能跟随它到任何地方。只有这样，坦克才能足够迅速地通过难行地段，并击败那些试图在地面上、掩体后面和空中摧毁它的敌人。

7. 坦克即使在防御中也要执行进攻性任务。这样一来，集中使用坦克就更为重要了，因为这样至少可以在局部抵消进攻方的优势。

8. 只有在非常难行的地段上且己方兵力过弱时，暂时对坦克群进行分割才是适宜的。但分割的单位不得小于连。在任何情况下，集中指挥和保障都是必要的。

9. 即使在直接支援步兵时，坦克也应以机动的方式投入战斗。否则，无法充分发挥发动机的效能。

第二次世界大战的教训总结

这场战争充分证实了坦克的重要性和巨大价值，以及德军运用坦克的原则的正确性。坦克的运用意味着：行动和机动的快速，集中一切力量并投入全部火力。

只要能够贯彻决战时集中全部兵力这条原则，就一定会取得重大胜利。此时，坦克几乎总是能撼动并突破敌人的防御。

然而，要是不把坦克作为"时机良好"时使用的武器，而是作为其他有缺陷的武器的辅助武器使用，就无法发挥坦克真正的价值。德国战败的原因之一，正是对坦克的性质和任务常常考虑不足。

二、装甲部队的编制和指挥

杰出的胜利需要杰出的组织。

——舍尔 ①

在和平时期和远征苏联之前，规模最大的纯装甲部队是装甲旅。它由 2 个二营制的团编成。全旅约 300 辆坦克，这样就可以在进攻中形成一个明确的重点。在东线作战之前，这些旅的编制不得不被撤销。只保留了装甲师内下辖 2—3 个营的装甲团，以及装甲掷弹兵师内或作为统帅部直属部队（Heerestruppe）的独立装甲营。1944 年新组建的独立装甲旅也只有 1 个装甲营，配有 30 辆"豹"式坦克。因此，要实施大规模的进攻，必须集结若干个装甲团或营，从而具备必要的冲击力。

装甲旅旅长和装甲团团长根据师长的命令指挥自己的部队。他们根据敌情和地形侦察的情况向师长提出使用坦克的建议。旅长只是战术上的指挥者，而团长则要对本团的所有其他方面负责。为此，有 1 个团部连和 1 个修理连由团长指挥。在全旅（团）投入战斗时，旅（团）长乘指挥坦克指挥所属部队。根据不同的地形、敌情和作战任务，团（营）可成梯次队形或翼状队形行动。

装甲营

装甲兵相当于炮兵火力单位的战斗单位是装甲营。装甲营的编制使其能够在一定时间内独立行动。一旦营需要较长时间脱离本团部队行动，它可得到修理连所属分队的加强。只有独立装甲营才编有 1 个直属的修理排。

最初，装甲营编有营部、1 个通信排、3 个轻型装甲连和 1 个中型装甲连。每个轻型装甲连有 4 个排，每个排 5 辆坦克；连部（Kompanietrupp）还有 2 辆坦克。中型装甲连装备 75 毫米短身管坦克炮，只有 3 个排。最初，装甲营的战时编制只有 2 个轻型装甲连和 1 个中型装甲连。直到装备了威力较大的坦克以后，连的坦克数量才有所减少，但每营又增加了 1 个战斗连。因此从 1943 年起，装甲营有 4 个连，每连 3 个排，每排 5 辆坦克，连部 2 辆坦克。"虎"式装甲营是一个例外，

---

① 阿道夫·冯·舍尔（Adolf von Schell, 1893—1967），陆军中将，历任国防军机动车事务局局长（Amtsgruppe Kraftfahrwesen）、交通部副部长（Unterstaatssekretär）、机动车事务全权代表（Generalbevollmächtigter für das Kraftfahrwesen）、第25装甲师师长。——译者注

每营只有 3 个连，每排 4 辆坦克，因此每连为 14 辆坦克。

在遭到巨大损失，短时间内无法补充时，团往往合编为营，营则合编成连，以便于战斗指挥和补给，并可将腾出的人员用于其他目的（交通管制、作为步兵行动等等）。

营长的指挥机构是营部和营部连。

营部战时只有 2 辆越野载人汽车和若干辆摩托车，以及 1 辆作为办公室使用的卡车或小型巴士，配有 2—3 名文书。这一分队由传令官指挥。

营部连由进行战术指挥所必需的所有分队组成：

1. 指挥班

战术上划归营部建制，只在编制上属于营部连。它有 2 辆指挥坦克，供营长、副官和通信官使用。这些装有专用无线电台的坦克在战斗中与营属部队、团和补给连保持联络。在条件允许时，营军医可以使用一辆二号、三号或四号坦克，以便跟随战斗分队穿越敌占区。

2. 侦察排

原称轻装排，有 5 辆轻型坦克，主要执行战斗侦察和近程警戒任务。

3. 工兵勘察排

负责修路和战斗支援、交通管制、勘察地形，必要时也可执行侦察任务。用于勘察的车辆不是装甲车辆（而是摩托车和越野载人汽车）。若条件允许，工兵班会配备一辆二号轻型坦克，后来还配备了装甲运兵车（SPW），从而紧随战斗分队行动。

4. 高炮排

主要负责保护营的补给分队。在特殊情况下，如部队通过隘路、行军休息、宿营或集结时，也为战斗分队提供对空防御。

实战表明，装甲营各指挥机构可采取以下的协同方法。

营长位于指挥坦克内，利用电台和口述命令指挥本营。为能顺利完成受领的任务，营长必须反复通过询问或派遣一名战术助手，了解总体情况和上级意图，以便执行任务，并凭借慎重的行动充分发挥本营的战斗力。在战斗中协助营长指挥的人员有：作为战术助手的副官、通信官和传令官，以及作为各类补给事务顾问的补给连连长、营部军医和营部工程主任。这些助手的职能在平时划分明确，而在长期行动中以及在各类紧急情况下，他们会相互协调地工作。必要时，可以互相取代。

为了避免不必要的指挥员损失，这些规定也被证明是有效的：通信官位于营长坦克内，因为监测和保障无线电通信非常重要；副官（有时还有传令官）随后方分队待命，同时负责补给和其他事务；副官在战斗分队后面跃进，以便在战斗结束后立即与营长会合。

连长在战斗中用无线电指挥所属连队。大多数时候，他把命令直接下达给每一辆坦克。在部队展开之前，连长一直在部队前面行进。连长在履职时得到各位排长的支持，并与全连战士同吃同住同战斗。他不分昼夜的关怀对手下的士气至关重要。没有什么比连队在紧急状况下和严重损失后的表现更能证明这一点。随着战争的持续进行，连长的以身作则变得越来越重要。许多连队至今仍然维持着老战友的凝聚力，这一事实证明了连长们的功绩和伟大的献身精神，他们当时大多都很年轻。

排长主要负责使本排坦克始终处于战备状态。为此，他得到了班长们的支持。排长在交战时的指挥活动通常是有限的，特别是在连队只剩下少量可以行动的坦克时。他与其他所有的指挥官一样，只在战斗中提供报告，例如发现的目标、地形障碍等。然而，在执行侦察任务时，在警戒和观察任务中，在居民点战斗和夜间战斗中，以及在掩蔽地形中，排长具有更多独立性。此时，装甲掷弹兵应与排长密切协同。在其他情况下，排长则根据连长的命令以本车动作来指挥本排，有时通过定向射击来指挥，在战斗之余也通过手势或手旗来指挥本排。

车长是其车辆的指挥者。他最重要的任务是在交火时指挥本车。为此，车长应选择好最便于消灭目标的阵地。他必须注意使本车在排内保持恰当位置，不干扰其他坦克的射击和行动。体积较大的坦克往往不容易找到合适的阵地，但即使是一片小的洼地也是十分珍贵的。每次转移阵地都要事先经过周密考虑，因为转移时要暂时停止射击，这对坦克来说总是意味着一个脆弱的时刻。因此，转移阵地的前提是能得到其他坦克的火力掩护，以及通过转移能更好地发挥火力或更好地掩蔽。进攻向前推进的速度越快，单辆坦克所受到的威胁就越小。

车长可以不负责瞄准和通信，而只集中精力观察敌情并指挥本车战斗，这就使德军坦克的战斗力超过了所有那些只有 4 名乘员（因而战斗指挥能力更弱）的坦克。除了特殊情况（如在居民点作战和森林作战）之外，车长都使用炮塔观测镜，以便更好地观察和指挥。他也会使用随车配备的信号枪、发烟罐、蛋形手榴弹、对空信号和烟雾信号。

炮长帮助车长观察地形。遇到突然出现的目标，他可不待口令便开火。连长坦克上的炮长必须特别擅长机断行事，因为连长要指挥全连而非本车的射击。炮长还帮助车长判定距离。在射击过程中，他要精确而迅速地进行修正。一个优秀的炮长会用眼睛来确定提前量。

装填手的任务是在手边迅速准备好正确类型的弹药，并在射击时迅速装填。他应不断地向车长通报弹药状况。战斗中，他可以取用其他已损坏坦克的弹药来改善己车弹药状况。

无线电员应与排长或连长保持联络，同时操作车内对讲设施。他负责遵守无线电通信规定。在战斗前，他应调整无线电设备，并准确地调好频率。在敌人干扰时，他必须能够在战斗中迅速设置新的频率。只在遇到有价值的目标时，特别是为了消灭敌人的近战人员时，他才操作无线电员的机枪。他离开坦克时，尤其是当坦克完全报废时，应负责将无线电设备板带走。

坦克驾驶员的熟练程度对全体乘员的存亡具有决定性意义。驾驶员必须按车长的指示选择道路，以便在不干扰其他坦克的情况下，对目标进行良好的观察和识别。在进入阵地时，驾驶员应及时换挡，并平稳刹车，以避免车辆剧烈抖动，这一点特别重要。这样炮手就更容易迅速而准确地进行瞄准。驾驶员必须熟练地接近边缘位置。在驾驶过程中，他主要注意车辆正前方的地形，以便能够及时识别出坑洼和可疑地段（地雷）。在进行原地射击时，驾驶员要参与观察战场。他还要利用每次战斗间歇保养坦克和补充油料。

坦克乘员之间的协同对全连顺利完成任务至关重要。全体乘员都必须准确无误地自动完成所有动作。在战斗中，全体乘员都应从各自的光学仪器或观察孔中观察地形，搜索目标。而且都要参与保养坦克和武器，协助添加油料，更换履带板和负重轮。守卫和警戒工作也由全体乘员负责。在发生重大战斗的时候，甚至军官们也要协助完成这些工作。驾驶员在战斗结束后应立即休息，以便尽快做好再次行动的准备。坦克乘员在连队内部会形成一个亲密团结的集体。每位乘员在这个集体中都有家的感觉。这个集体缺少任何一个人都会使坦克的性能下降，并削弱全连的力量。

三、坦克的队形与运动

谨小慎微地墨守特定的队形与规章，与轻装部队执行每项任务时应具有的特质相悖。

——1809 年条令

坦克的机动作战方式要求在所有运动中都实施灵活而简练的指挥。因此，为了恰当地利用地形快速推进，并能在关键时刻全力战胜敌人，需要采取特定的队形。各种队形必须简单，适合作战，易于适应战况和地形。任何墨守某种队形的行为都不符合现代装甲兵作战指挥的原则。

年轻的德军装甲兵在战前就已明确接受了这些原则，并始终予以特别强调。尽管如此，战争实践表明，有些队形还可以进一步简化，甚至可以完全省略。然而，随着战争的持续和训练水平的下降，某些久经战火考验的队形有时也被忽略了，这就导致了摩擦和不必要的损失。

以下内容可以作为基于实际作战经验得出的指南：

1. 为便于指挥和火力控制，每支部队和分队必须保持内部的凝聚力。这只有在部队有权根据自身情况选择队形时才有可能。但是，部队必须维持或尽快恢复上级所命令的位置和顺序，否则上级就会失去对指挥概况的掌握。由于地形或敌方行动而暂时需要偏离运动方向时，分队指挥官即应报告上级指挥官。

2. 排的行军队形只能为单纵队（Reihe）；连和营，特别是在开阔地形上，也可成双纵队（Doppelreihe）。

3. 战斗之前，连和营将根据地形和敌情展开成相应的队形。如果情况不明，通常采取楔形（Keil）队形；而在进攻方向明确时，则采取宽楔形（Breitkeil）队形。目标必须始终是争取尽量多的火器参加战斗。间隔和距离应根据地形和协同兵种所必需的空间而定。除非另有命令，方向和速度始终由先头部队掌握，以与敌保持接触，并保持前进的势头。在战斗中，方向可能极为迅速地改变。

4. 战斗时，部队形成火力正面（Feuerfront），各排展开成松散的链式（Kette）队形。

和平时期确定的坦克前后距离为 25 米，间隔为 50 米。战争进程证明，这样的距离和间隔太小了。敌人射击效率的提高迫使坦克必须加大间距。尤其是在行军中，距离必须扩大到 50 米，在敌人握有极大空中优势的情况下，可以扩大到 100 米。这些数字也只具有指导意义。遇上夜间行动、灰尘重的环境或不便观察的隐蔽地形，坦克之间的距离依能见度而定。

5. 各排成一线进攻时，即构成一波（Welle）。波的数量取决于上级命令的战斗队形、坦克的数量和地形。地形越开阔，在宽度和深度方面可以占用的空间就越大。这样一来，一支装甲部队就能最迅速地应对战斗中的所有突发情况。侧翼情况不明和暴露时，必须形成梯队（Staffelung），以便在敌人向这个方向冲击时能迅速形成一个新的火力正面。即使事先进行了侦察，也不能免除部队的这种预

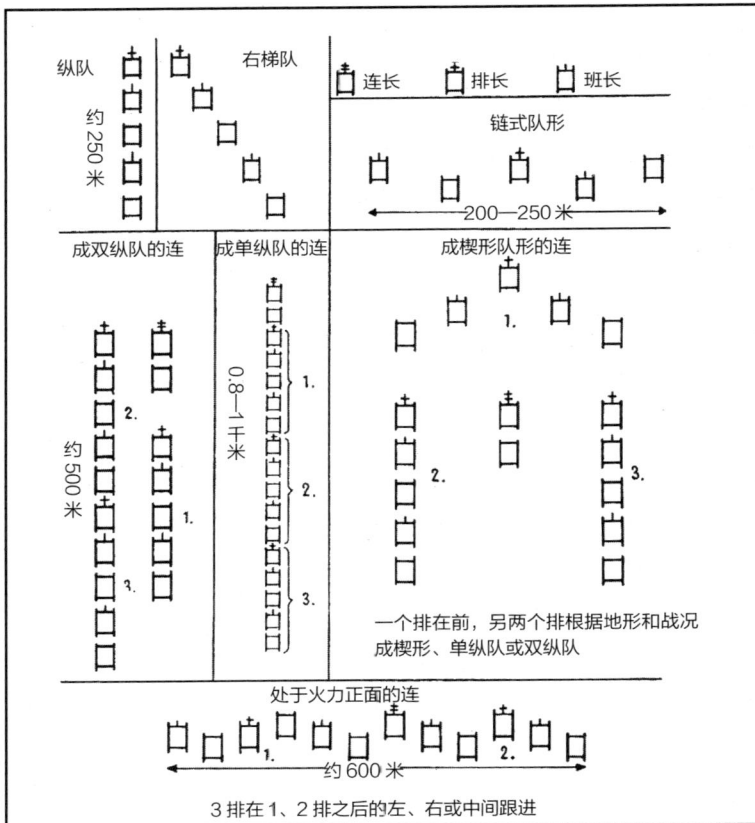

装甲排和连的机动队形

防措施。

第二次世界大战期间，一支装甲部队的协同兵种大多没有装甲，或者只有薄弱的装甲。这些薄弱环节位于装甲部队中央。这就导致出现了装甲中空区（Panzerglocke），而在后方也提供必要的装甲保护时，则出现了所谓的"滚筒区"（Rommelei）。

6. 坦克集结的各种方式都取决于任务、各自的敌情和隐蔽的可能性。这方面没有特定的队形。队形必须始终使集结的目的和部队的安全得到最好的保证。例如在开阔地形上，坦克集结要采取宽而深的队形，这样就有可能迅速向任一方向推进或占据火力正面。战争期间把这种队形称为"环形防御队形"（Igel）。此外，集结的细节总是根据目的（行军、集合备战等）由专门的命令确定。

7. 如果进攻是由团或旅实施的，那么这时可形成梯次或翼状战斗队形，即各装甲营接续跟进或并排跟进。

梯次队形的优点是，整体队形纵深较大，能迅速支援前一梯次；形成重点（常常在战斗过程中才确定下来），以及变更其他部署都比较容易。不过，编成这样的战斗队形，就很难对先头梯队进行统一指挥，因为先头梯队正面必然较宽，而且很容易被各类障碍物分割。实战证明，在一些条件下宜采取梯次队形：在敌情大多不明、拥有纵深攻击目标的运动战中；在遇到强敌时；在攻击纵深防御区域却只能以交互跃进（überschlagendem Einsatz）方式前进时（弹药和油料不足就会出现这种情况）。

翼状队形的优点是，各作战分队本身纵深较大，这样便于利用掩蔽地形；当作战分队迫于地形障碍而被暂时分割时，更容易与自己的补给分队会合；而从两个方向冲击一个目标也比较容易。翼状队形的缺点是，所有前列分队常常要同时参加战斗，因而相互援助或实施包围的可能性很小，而且整体队形的纵深也不大，如此一来，通过配属兵种形成重点的难度大大增加，因为参战兵种各部必须在攻击开始前就输送完毕。因此，这种队形主要用于实施有限目的的进攻，或在宽阔正面上追击已被击败的敌人，或受地形条件限制而被迫分兵。

8. 装甲部队指挥官要根据情况选择最便于观察和指挥部队的位置。在行军和展开时，指挥官应位于所属部队的前方，战斗时则位于中央。在追击时，部（分）队指挥官位于前方并掌握追击速度。退却时，他们则处在面对敌人的一侧。

后一波或第二梯次的指挥官通常与整支部队的指挥官在一起，这样就缩短并简化了指挥流程。另外，第二梯次指挥官可以事先亲自熟悉地形，并通过使用指挥手段（勘察排），使通常以跃进方式跟进的部队能更快地做好战斗准备。

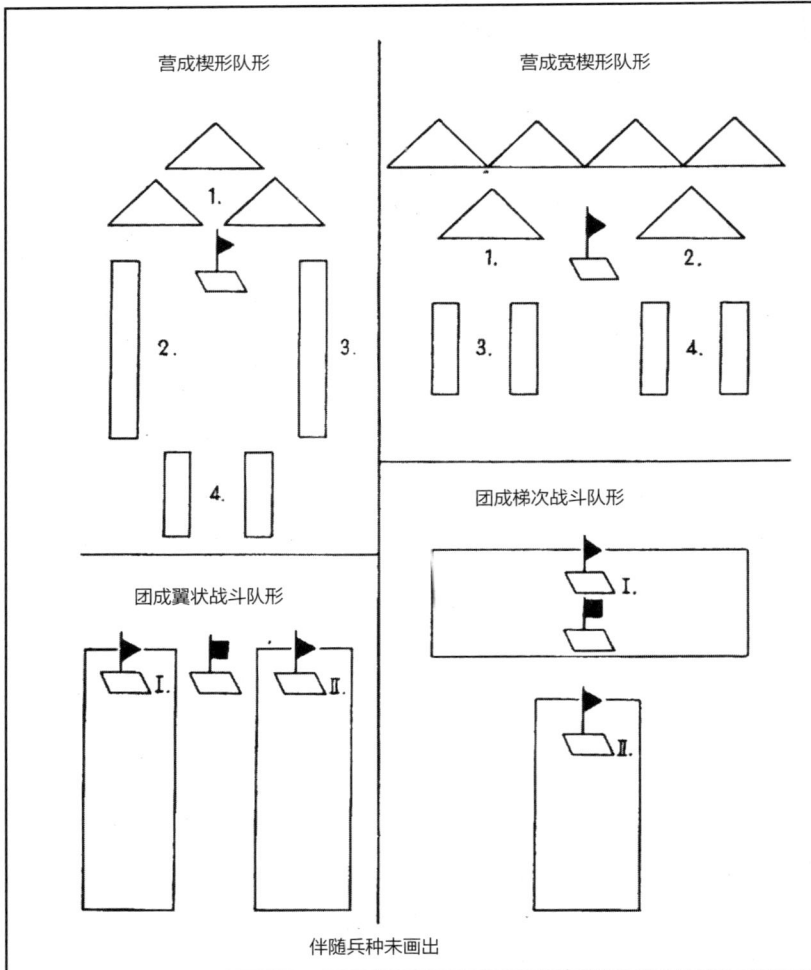

营成楔形队形

营成宽楔形队形

团成梯次战斗队形

团成翼状战斗队形

伴随兵种未画出

装甲营和团的机动队形

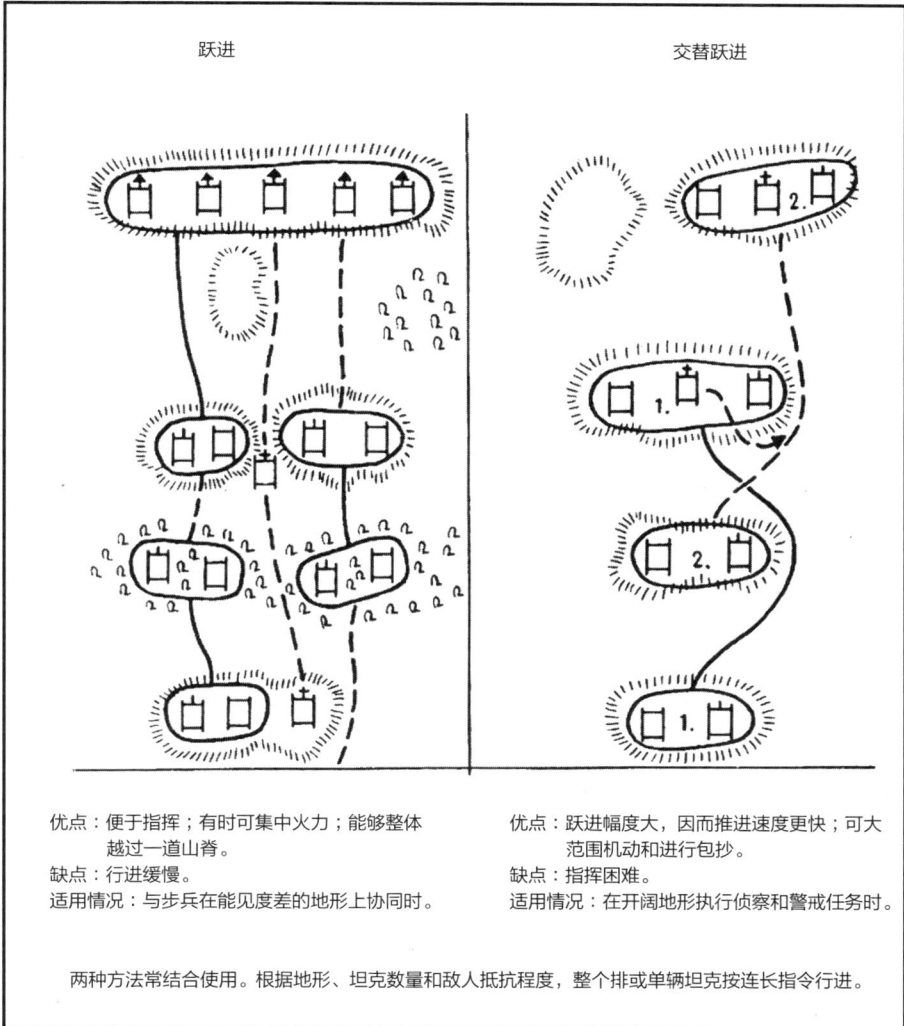

跃进　　　　　　　　　　　　　　　　交替跃进

优点：便于指挥；有时可集中火力；能够整体　　　　优点：跃进幅度大，因而推进速度更快；可大
　　　越过一道山脊。　　　　　　　　　　　　　　　　范围机动和进行包抄。
缺点：行进缓慢。　　　　　　　　　　　　　　　缺点：指挥困难。
适用情况：与步兵在能见度差的地形上协同时。　　适用情况：在开阔地形执行侦察和警戒任务时。

　　两种方法常结合使用。根据地形、坦克数量和敌人抵抗程度，整个排或单辆坦克按连长指令行进。

装甲排在战场行进的方法

四、下达命令的原则和报告事项

命令的不准确会造成服从的不可靠。

——毛奇伯爵 [①]

军队的摩托化对下达命令的方式产生了根本性的影响。思考、命令和行动必须与发动机的速度和技术的特定条件相适应，否则，技术装备的一切优势都会丧失。

无线电台给下达命令的方式带来了极大的变革。如今，全连的坦克乘员都能像过去骑兵连的骑兵一样听到"自己长官的声音"。没有电台时，战斗队形分散会使指挥官丧失对部下的直接影响；有了电台后，指挥官就能重新施加这种影响了。书面命令和通过他人传达的命令过于呆板，现在上下级可以直接联络，也就使这些命令更有效了。此外，坦克指挥官的坦克就在他的部下中间，这使指挥官能比过去更频繁地观察他们的情况。战况的快速变化要求下达的不是形式完备的命令，而是需要立即执行的电报式命令。指挥官通过收听无线电对话和亲自观察战场，也更容易检查命令的执行情况。没被理解或被误解的命令能够比过去更快地得到澄清。

高级指挥官也利用了这种亲自与部队联系的可能性。1941 年，第 2 装甲集团军的士兵，有谁没有见到他们的司令一再出现在部队最前方呢！尽管如此，他仍然能通过装甲指挥车内的无线电台同指挥部保持联系。

敌我双方部队的机动性使一切限定精确的指示和一切条条框框都变得毫无意义。就指挥装甲部队而言，关键是指出要做"什么"，给出明确的任务。执行任务的方式必须由在现场作战的人决定。目标越广，部队规模越大，指挥就要越"放任自流"。人们会收到一张标明最终目的地的车票，而到达那里的最佳方式和挨乘火车的各种可能性，必须留给旅客决定。上级只有在更好地了解地形和战况后，才能出于特定目的指示部下"如何"执行命令。

命令的种类

预先命令（Vorbefehle），目的是给部下足够的时间准备执行任务，并加快之

---

① 赫尔穆特·冯·毛奇（Helmuth Graf von Moltke，1800—1891），即老毛奇，普鲁士陆军元帅，普丹、普奥和普法战争中普军的总参谋长。——译者注

后执行任务的速度。即便是坦克也不可能像从手枪中射出子弹一样，总是能立即做好行动准备。当然，坦克应当始终加满油料和补满弹药。但是，特别是在冬季，它需要一定的时间来启动发动机和下达命令等。因此，下达预先命令是必须的，特别是对于侦察、勘察和行军而言。

局部命令（Einzelbefehle），是最符合坦克战的快速进程的命令，特别是在情况紧急时。这种命令以简短的无线电指令、无线电通话或口头的形式下达，其内容只包含接收单位在执行任务时必须知道的情况。局部命令也称作行进间命令（Sattelbefehle）。

整体命令（Gesamtbefehle），一种传统的命令形式。但是，对装甲连和装甲营层级来说，只有在下令方和接收方有充裕的时间，并且命令有实际用途时，才有理由下达这种全体命令。在组织需要周密准备的进攻（如夜间进攻）时，组织渡河时，以及组织有计划的退却时，需要下达整体命令。每支部队，往往下至各个坦克乘员，都以某种方式参与了战前讨论和准备工作。因此，为了理解整体行动，有必要对这些工作进行总结。

关于补给的特别命令（Besondere Anordnungen für die Versorgung），以战术命令形式或作为局部命令，通过口头或无线电通话下达到团一级。这是因为，补给对装甲部队比对其他任何部队都更重要，是每一次战术行动的前提。

此外，第二次世界大战再次证实了旧有的经验：给命令中添加诸如"尽可能""在条件允许的情况下"这样毫无意义的话，特别是诸如"坚决""迫切""绝对""彻底"这样的加强语气的词，在残酷的现实世界中毫无价值，只会损害对指挥官的信任。但是，把一项看似费解的命令说清楚有时是有益的。例如："为了再抢救3辆坦克，在×时前要守住阵地。"这提高了那些想知道行动目的和利益何在的德军士兵的战斗意志。

报告

可靠性和客观性始终是对报告的基本要求。报告必须是真实的，否则就会导致对情况的错误判断，从而导致错误的措施和命令。每个报告人必须清楚地认识到提供虚假情报的后果。但在战时，特别是要求部队执行难以胜任的任务，从而使上下级之间失去相互信任时，常常无法保证情报的真实性。

技术发展大大扩充了报告的内容和数量，因为除了之前的战术和补给报告外，还必须提供纯技术性的报告。然而，和平时期设定的全方位报告制度与前线的实际情况之间存在差异。最重要的是，严格保持报告随时更新可能毫无意义，要是通信员必须在夜间和雾中穿越恶劣道路，甚至穿过游击队占领区传送报告，在时间上就更没有保障了。决定性的因素应当始终是报告在当时的实际需要程度。

报告的原则

1. 要明确说明，你所报告的情况是亲眼见到的还是只是听说的。一辆坦克在远处燃烧并不能证明它已经被摧毁。

2. 报告细节要完整：何时、谁、如何、何地。否则就会出现模糊不清的情况，因为其他人可能已经报告了同样的事件。往往由于报告不准确，本来击毁 2 辆坦克会突然变成 4 辆。

3. 不要忘记报告地形！以下几点对坦克行动特别重要：

（1）道路和通道的可用性，特别是宽度。

（2）桥梁的载重量。

（3）洼地、沼泽、森林和浅滩的可通行情况。只要是一个人背着另一个人能通过的地方，坦克就能通过。

（4）如何集结、展开、就位和隐蔽接敌。

（5）如何绕过沟壑、陡坡和居民点。

（6）是否有改善地形、加固桥梁和伪装的就便器材。

4. 一张草图可以取代长篇大论的解释。绘制草图时要注意以下几点：

（1）只强调对接收方重要的情况。

（2）准确标示己方和敌方部队的位置。

（3）（用等高线或阴影线）专门标出观察条件良好的高地。

（4）在同一张纸上标明必要的图注。

（5）不要忘记比例尺和标示方位。

5. 确定报告的类别及呈送方法，注意保密和送达的安全性（时间、游击队）。

6. 任何书面报告中都不能缺少签名和时间（发出报告时才填写）。

7. 检查报告的签收手续是否正确（收条）。

战斗报告

战争期间，每次作战行动后都需要编写关于战斗过程的报告。报告内容只包括按时间顺序排列的重要事项。收到的命令和报告，或者在报告中列出，或者作为附录附在报告中。尤为重要的是总结战术和技术方面的经验，以便能在类似条件下运用这些经验。在报告的结尾说明人员和车辆损失，以及缴获的战利品和其他成果。关于个别军官、士官或全体乘员极其英勇的表现的报告要作为附录附上。

坦克地图、标定线和地形坐标

坦克地图（Die Panzerkarte）对装甲兵来说十分必要，因为总参谋部的地图没有考虑坦克行动的特点，作用有限。为了弥补这一缺陷，常常将对坦克重要的情况用阴影线或彩色笔标在图上。

标定线（Die Stoßlinie）的作用是伪装进攻方向，同时方便下达命令和报告事务。它是在前进或进攻方向上连接两个精确标明的点（连接点）的一条线。这条线以厘米为单位划分，并为第一个连接点标记一个任意的两位数字。为指示地形上的一个地形点，则由该点向标定线作垂线，垂线也以厘米为单位划分。

当前进或进攻方向有变化时，并不改变旧标定线的方向，而是用标记了另一个字母的新标定线代替，以避免混淆。除标出标定线以外，在编写报告时还要标出地图的比例尺。

处于需要进行周密准备的局势时，可用地形坐标（Geländezahlen）来伪装地形点。高地或其他重要的地形点是根据作战空间的宽度和纵深来确定的，并以四位数组的形式不规则地标在地图上。这些地形坐标对协同行动的各兵种都适用。这些数字使下达命令和报告事务变得简便。

例如："67 高地以北 1 千米处的森林中有反坦克炮正向高地上的坦克射击"可以简化为"反坦克炮射击 5535"（Pakfeuer 5535）。

指挥信号

和平时期曾使用过许多信号。战时，这些信号的数量大为减少。主要是因为它们大多没有经受住战斗的检验。出于自保的本能，战斗中的一切注意力都集中

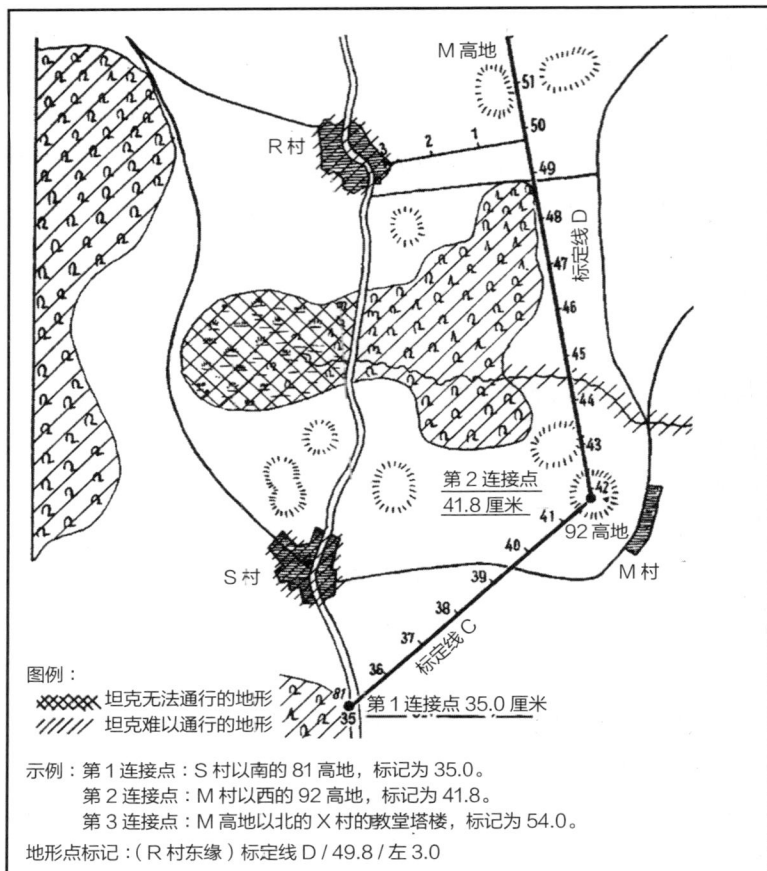

通过标定线指示目标

在敌人身上，而不在指挥信号上。因此，一般来说，只会发出"损坏"这一旗语信号，因为这时坦克也无法再战斗，并期待援助。在无线电静默或行军中无线电台损坏时，以及在战斗开始之后，采用以下信号就足够了：

举起指挥旗保持不动 = "集合！"

数次举高指挥旗 = "跟我来！"

挥动表示"损坏"的信号旗 = "注意，地雷！"

信号旗倒置 = 改变电台频率。

五、无线电台

古德里安说："坦克的发动机和火炮一样都是它的武器。"我想补充一句："还有无线电台！"

——肯普夫 [1]

没有无线电台就不可能指挥装甲部队。无线电通话是最重要的通信联络手段。只有利用无线电通话才能确保灵活地指挥和下达射击任务。

德军装甲兵能取得重大胜利，很大程度上要归功于出色的无线电台及整体的通信组织工作。在这两方面，我们都优于敌人。有线通信所起的作用小于无线通信，有线通信只在休整、长时间休息或集结以后才有一定的意义。

战前，每辆坦克就已经装备了一台无线电接收机。班长、排长、连长还有一部无线电发射机，连长还有第二台接收机。这些设备在超短波段内工作。除此之外，团长、营长的指挥车内都配有中波电台，能在远距离与上级、友邻或自己的后勤分队（修理连等）保持联络。由于装甲师师属部队中有许多无线电台，严格遵守无线电纪律是至关重要的。

战争期间，以下通信原则得到了证明：

1. 在战斗中，当命令要求立即实施开火或机动时，使用的是明文发报。但以下用语原则上必须加密：

（1）部队名称、指挥部以及军衔采用暗语，如"指挥官——蜻蜓（Libelle）"；

（2）地段、攻击目标和其他重要的地点和地形信息，要采用伪装数字、标定线数值或其他暗语；

（3）通过附加数码表示时间；

（4）在状况报告中，数据信息也采用附加数码，最重要的后勤用语采用暗语。

出于安全考虑，在连队后方的无线电通信中，不是立即生效的命令和报告要么完全加密，要么以简便快捷的加密程序（手工加密）进行加密。

2. 装甲连各坦克均使用连级频率工作，只有连长的第二台接收机使用营级频

---

[1] 维尔纳·肯普夫（Werner Kempf, 1886—1964），装甲兵上将，"一战"后曾任国防军装甲监察局办公室主任，"二战"期间历任"肯普夫"装甲师师长、第6装甲师师长、第48装甲军军长等职。——译者注

率。营里的通话信息通常由首席无线电员（Cheffunker）独立接收，并将记录交给连长。当营长呼唤并要求连长答复时，无线电员可以选择打断连长的通话；但在战斗中，特别是在指示目标时，无线电员则不应干扰连长。车内乘员除装填手外，均可利用对讲机通话。无线电员在向外发报时必须特别注意中断车内通话。排长和班长只有在需要报告敌情或上级要求时才能发话。

3. 重复通信总是适宜的，而且多数情况下可以使用炮兵和步兵通信网络来进行。

4. 在命令中规定无线电通信就绪的时限。在战斗之外，为了省电，常常要规定特定的接收时段，例如每小时的前 10 分钟（无线电值班），或规定电台的工作间歇。

5. 在坦克与其他兵种协同行动时，如这些兵种（步兵、炮兵或航空兵）使用的电台型号不同，就需要派出一辆带电台的坦克或"桶车"来保持联络，或由协同兵种派出一名自己配备电台的联络军官。

6. 在远距离通信时，例如追击期间，必须把无线电台设在高处，或使用电报

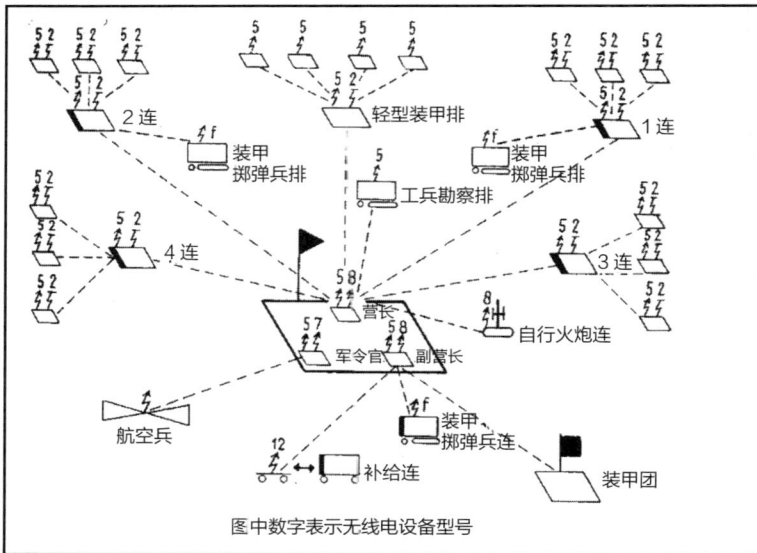

加强装甲营的无线电通信图

通信（Tastverkehr）。在紧急情况下也可使用中继站（Relais）。车辆停止时的通信距离要大于行进时的通信距离。

7. 因地形（山地）和天气而发生技术干扰时，必须使用其他手段来解决，例如信号车、标志、旗语或信号。在敌方干扰时，必须迅速变换频率。

命令用语

在使用无线电时，口令（Kommando）和命令（Befehl）是有所区别的。

下达口令的顺序是：单位——口令——执行。

例如："蜻蜓——楔形队形——前进！"

下达命令的顺序为：单位——方向或行军队形——任务。下达射击命令时还要指出距离和目标。

例如："蜻蜓！——11点钟方向！——反坦克炮！——距离 1300！——攻击！"

电台的技术参数

超短波电台的通信距离为 3—4 千米。功率为 30 瓦的中波电台，行进间发报时的通信距离约为 30—40 千米；而在静止并架高天线时，通信距离可达 120 千米。

从团到营和从营到连均建立星形通信（Sternverkehr），即一部上级电台和几部下级电台在同一频率上工作，互相之间都能收听到。有线通信只在特殊情况下用于特别重要的通信联络。

六、坦克射击

装甲兵必须像弗里德希大帝的步兵一样快速而精准地使用他的武器。

——施韦彭堡男爵[1]

射击本身在战争中总是一种目的。战场上无情的时间限制要求迅速歼敌。一切行动都只是为了在最有利的条件下使用武器，并充分发挥其作战价值。使用优良武器进行有效射击可以给人带来信心，而装甲防护又进一步增强了这种信心。

德军坦克乘员的射击效果普遍优于敌军。这是正确的射击训练、武器出色的弹道性能和优质光学仪器带来的结果。战争期间，通过加大口径并增加炮弹装药，加长身管并采用新弹种，坦克炮的威力得到了极大提高。后期型号的坦克在开阔地形上通常能在1500—2000米或更远的距离上开火。坦克炮日益成为一种完善的精确武器，即使在远距离上也能射中小块区域。

机枪直到大战开始前还一直是轻型坦克的主要武器，开战后很快就沦为辅助武器。不过，在防御敌近战人员和压制敌人野战阵地的武器这两方面，机枪仍然发挥着宝贵的作用。在中距离上，机枪对付暴露的较大目标很有效。由于机枪能够速射，而且可以有效打击敌人士气，它在夜战中仍具有原先的地位。冲锋枪、蛋形手榴弹和炸药可以完善坦克乘员的武器。它们可用于近战自卫（特别是在坦克周围的死角）和在车外战斗。

随着弹道的低伸和炮弹穿甲能力的不断提升，射击方法得以逐渐简化。这提高了射速，从而加强了坦克的战斗力。

在瞄准镜的测距之外进行射击，不符合德军对坦克特质的认识，这一点与国外不同。只能在特殊情况下，即由于地形障碍（水域、沼泽、沙丘）而无法接近目标，并且缺乏其他重型武器（特别是火炮）时，才进行间接瞄准射击。

行进间射击在平时训练中经常实施，战时却只在特殊情况下才实施，如与敌突然遭遇和夜间战斗等。这是由于当时还没有稳定装置，所以击中目标的概率很低，弹药消耗量却很大。

---

[1] 莱奥·盖尔·冯·施韦彭堡（Leo Geyr von Schweppenburg，1886—1974），装甲兵上将，曾任第5装甲集团军司令，"二战"末期任装甲兵总监。——译者注

　　同样，烟幕弹也只在特殊情况下使用。因为坦克每携带一枚烟幕弹就要占用其他炮弹的位置，而小口径烟幕弹的发烟量又很小。此外，烟幕弹是弹药生产的一个瓶颈。因此，施放和维持烟幕均为支援坦克的炮兵的任务。

　　经验丰富的老装甲连有自己的特殊射击技巧，这些技巧来自实践，提高了他们的战斗力。例如，有的连队在坦克炮塔上安装了简易的瞄准具［缺口（Kimme）和准星（Korn）］，以便迅速向炮手指示车长所确认的目标。为了引诱敌人射击，有时要在合适的地形上突然停车并向后退。坦克乘员很难与散兵坑内的敌方步兵交战，而伴随坦克的己方步兵常常数量不足，这就要求坦克在交互火力支援下相互帮助，并彼此指引。如果坦克在散兵坑正上方，就要根据指引坦克的无线电口令，

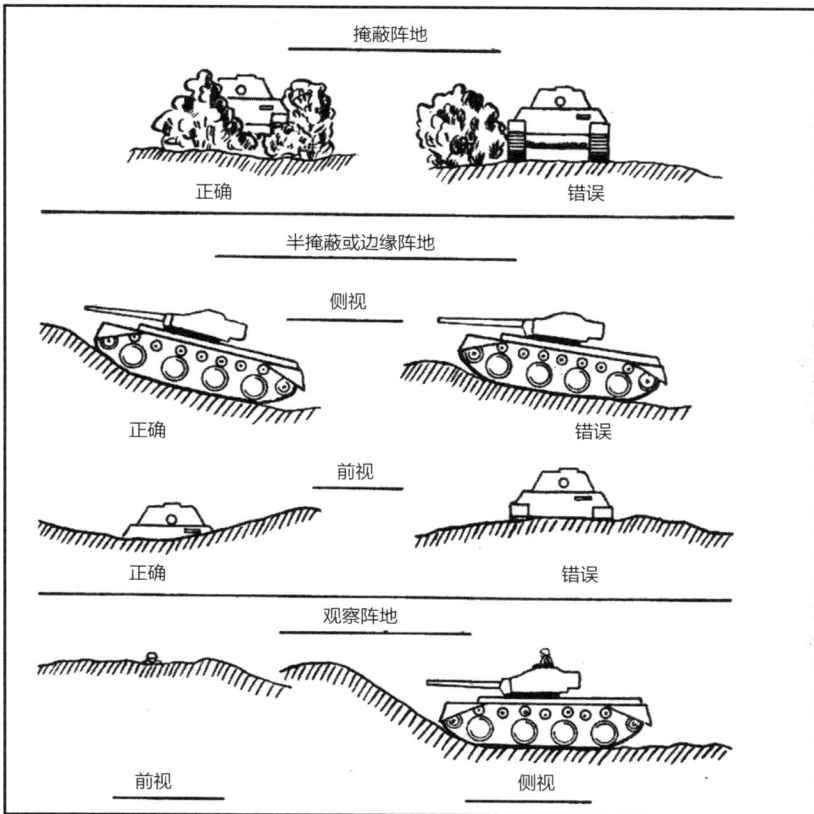

射击阵地

用冲锋枪通过车体排油孔（Ölabflußloch）向下射击，以消灭坦克底下的敌人。

在坦克越过高地棱线、驶出森林或村庄以前，车长最好在坦克仍处于掩蔽状态时下车，用望远镜观察地形。这样可以利用出色的德制镜片及时发现敌人的一些活动情况或伪装不好的武器，并采取正确的对策。即使"出于怀疑"而对疑似有敌人的地方开一枪，有时也能迅速揭示这种假设是否真实。

单辆坦克以及整个部队的射击战术具有决定意义。每辆坦克都是一个独立的作战单位。训练越严明，进攻就越有力和齐整。射击的实施以及射击和机动的速度取决于敌人的类型和表现、自身的实力、武器的威力、地形。射击的方法也取决于这些条件。只有尽可能使用更多武器射击才能迅速取得胜利。至关重要的是，要用单辆坦克进行精确的瞄准射击，在短时间内摧毁敌人的反坦克炮阵地和坦克。在某些情况下，例如在与步兵协同肃清某一地区的敌人时，坦克需要系统搜索和打击敌抵抗基点（Widerstandsnester）。

具体而言，大战证明射击条令的下列准则特别有效：

1. 选择阵地

选择阵地时，要尽可能让敌方无法发现坦克。只有火炮必须始终拥有清晰的射界。根据地形特点，要区分边缘阵地和半掩蔽阵地。所有阵地都应尽可能隐蔽。在需要迅速展开交火时，观察阵地才是有用的。一切准备工作都要在掩体内进行，以便随后能立即开火。

2. 侦察目标和判定距离

车长、炮手和驾驶员在观察战场时必须不断互相援助，互相通报观察情况。

战斗开始前侦察目标非常重要。根据冷静的观察、对阵地上的部队进行询问、研判航空照片以及俘虏供词，获得关于敌人武器配置的第一批有价值的材料。正确判定距离非常重要，特别是在用爆破榴弹进行远距离射击时，因为这样能提高射击精度，并减少弹药消耗。如时间充裕，例如在执行警戒任务或准备进攻时，就可以预先测出敌人可能出现的重要地物的距离，并在目标草图上标出。必须利用好一切辅助工具，如地图、其他兵种的测距仪（装甲部队没有测距仪）以及光学仪器等，进行估算。地形特点、照明条件、天气、目标的尺寸和能见度都对正确判定距离有着重要影响。若已知坦克的宽度，利用双筒望远镜的分划

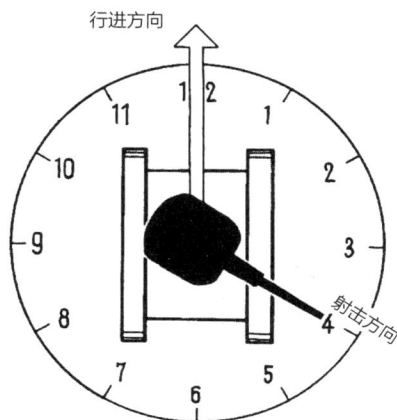

按表盘方式指示目标

（Stricheinteilung）^①可判定至坦克的近似距离。

　　例子：一辆坦克宽3米，测定为2个分划，因此距离为3米×1000／2＝1500米。

　　然而，在坦克目标突然出现时，大多没有时间做这些准备工作，必须瞬间消灭敌人。因此，战场上的迅速反应和正确行动最为重要。

　　3. 目标指示

　　就大多数伪装得非常好、难以辨认的反坦克武器来说，快速和清晰地指示目标尤为重要。

　　粗略地指示目标，一般可利用表盘方式（Uhrzeigesystem）。炮塔360°的旋转范围根据小时数划分，相当于表盘上的数字，其中12点的位置表示坦克的行驶方向。图中的炮塔指向4点钟方向。利用光学瞄准镜的分划能更准确地指示目标。为实施集火射击（Feuervereinigung），指挥官坦克或发现目标的坦克对目标进行定位射击，是最快的通信办法。

　　4. 武器和弹药的选择

　　穿甲弹（Panzergranate）是用于摧毁装甲车辆和有装甲防护的武器，主要是反

---

　　① 一个分划相当于1密位。——译者注

坦克炮、装甲列车、轻型暗堡（对射击孔射击）等。

装有瞬发引信（m.V.）的爆破榴弹用于摧毁无防护的运动目标或部分防护的阵地目标。装有延时引信（o.V.）的榴弹用于摧毁野战掩体和房屋。在地面有利的条件下也可以进行跳弹射击（Abprallerschießen）。

坦克的烟幕弹主要用于迷盲点状目标、反坦克武器和观察所，也可在难以通行的地形中指示特定方向。

实践证明，在对自身施放烟幕时，烟幕施放装置效果并不好。因为该装置在坦克倒车时太容易弯曲，或在发射时失灵。相反，从炮塔上投掷烟幕罐倒很实用。这是在对敌方向上制造烟雾的最快捷的方法。

5. 瞄准

直接瞄准时，利用炮塔瞄准镜——主瞄准镜（Hauptstachel）——依据方向和高度瞄准敌人。副瞄准镜（Nebenstachel）用来瞄准运动目标，可以观测到斜向或横向的运动。除了对近距离大型目标射击以外，瞄准点都是选在目标下方。在对小型目标射击时，必须考虑到，不同型号坦克的炮膛轴线（Seelenachse）与瞄准线（Visierlinie）之间的水平距离略有不同。

在有垂直瞄准器（Höhenaufsatz）时，才可以进行间接瞄准。在这种情况下，水平瞄准就像直接瞄准一样进行，垂直瞄准就像间接瞄准一样进行。但是，战时由于弹药供应不足，没有采取这种瞄准方法。

6. 射击方法

为了符合坦克的特性，射击方法必须简便易行，以保证武器能迅速开火。方法的选择取决于武器性能、弹药种类和敌人的行动。大多数情况下，开火都要以极快的速度进行。对于远距离的重要目标，必须以数辆坦克的集火射击极其迅速地将其摧毁。这适用于点状目标，也适用于较大的目标（装甲列车和纵队）。如果目标是敌人的装甲列车和纵队，首先要集中打列车车头或纵队的先头车辆，以阻止其继续前进，然后趁敌陷入停顿或调头的混乱时将其歼灭。情况允许时，例如在掩蔽阵地上，在黄昏或黑暗中，根据无线电指令或信号突然开火［火力急袭（Feuerüberfall）］特别有效，通常可以保证获得大胜。

7. 试射和效力射

由于坦克炮弹道低伸，只有在距离超过 1200 米（使用空心装药的炮弹时为 600 米）时才可进行试射（Einschießen）。试射方法取决于目标尺寸和观察条件。首先进行方向试射很重要，然后进行适当距离的试射。当目标前后都可以观察到时，采用夹叉试射（Gabelbildung）的方法。射击条令规定，2000 米以内的夹叉宽度为 200 米，距离超过 2000 米时的夹叉宽度为 400 米。在进行效力射（Wirkungsschießen）之前，上述夹叉的宽度要分别缩小到 50 米和 100 米。如地形不利于观察夹叉，就必须从后方或前方逐次接近目标试射。在装备新型坦克以后，使用穿甲弹进行射击时会立刻转为效力射。

根据坦克的特质，效力射通常以高射速进行。如不进行试射，在估计距离上增加 100 米再开始效力射。对斜向或横向运动的目标射击时，必须有提前量。提前量取决于弹种、目标运动速度及距离。

8. 射击观察

射击效果取决于对弹着点的正确判断。判定弹着点有时十分困难，因为炮口的烟雾，特别是在沙地或干地上掀起的尘埃，使得立即观察炸点非常困难。至少射速会随之降低，因为只有在烟尘消散后才能再次射击。在这种情况下，最好由友邻坦克协助射击的坦克观察和校正射击。此外，风会影响射击，特别是烟幕弹的射击。所有的弹着点都必须尽快判定，因为它们只能在产生的瞬间恰当地反映射击状况。战斗中，风对坦克的运动也有影响。例如，若风从右侧吹来，射击的坦克就必须行驶一段较长的距离，或者最好左转，否则行驶中产生的灰尘会遮挡视野。所有观察必须以闪电般的速度转化为校正。例如，对于靠近目标的短距离射击，观测点校正有助于"使目标消失"，但对于长距离射击，一定要调整瞄准器。

9. 火力控制

火力控制（Feuerleitung）包括判定、选择和区分目标，选择射击方法，指示目标，确定开火时机，观察弹着点和校正，观察射击效果，以及更换目标或确定停止射击的时机。出色的火力控制是出色指挥的重要前提。

弹药类型及其作用方式

1. 穿甲弹

具有硬化钢质厚壁壳体，里面有一个小的空腔，内装炸药、弹底引信和曳光剂。作为一种实心弹，它可击穿相当厚度的装甲板。

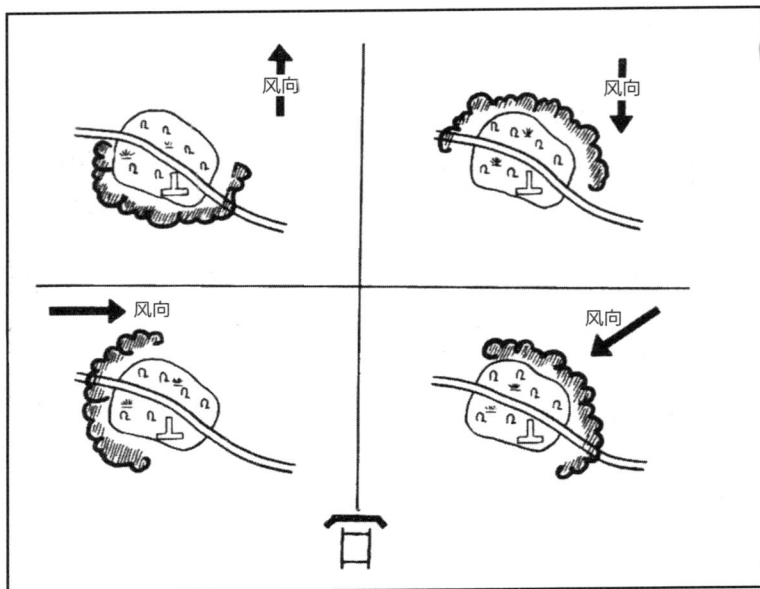

烟幕弹射击

2. 硬芯穿甲弹（Pz.Gr.40）

具有一个由硬金属制成的小口径弹芯，弹芯被固定在弹体内。这种弹比穿甲弹轻，而且初速更高。其穿甲能力也更强，因为只有弹芯部分穿甲。

3. 空心装药破甲弹（HI）

可以通过聚集在撞击点上的爆炸波击穿装甲。其破甲能力与射程无关，但对装甲内部的破坏作用较差。为使弹体不致在起爆前破裂，必须降低炮弹的撞击速度和初速。这就限制了炮弹的有效射程，最多不超过1200米。这种炮弹的燃烧作用非常猛烈。

4. 爆破榴弹

口径在75毫米以上，装有瞬发引信和延时引信。

5. 烟幕弹

内装发烟剂并装有撞发引信。烟云直径不大（约30米），发烟持续时间为20—25秒。

七、地形和天气的影响

存在多少不同类型的地形，就有多少不同种类的营。

——弗里德里希大帝

在任何时候，地形和天气对军队的战役和战术行动都会产生决定性的影响。从前，只要进入阴雨寒冷的季节，冰雪覆盖地面，军队就会立即住进冬季营房。而现代军队一年四季都要以一定规模继续其作战行动。不过，第二次世界大战表明，由于天气可能发生突变，大规模战役总是意味着风险增加。胜利往往与人员的伤亡和装备的严重损耗不成比例。军队摩托化以后，地形和天气的影响就更大了。

下面将详细介绍第二次世界大战中坦克在这方面的作战经验。

地形的影响

尽管履带车辆通行力出色，但地形的影响仍然是非常大的。难以通行的地形不仅减缓了人畜运动，而且也降低了车辆的行驶速度。因此，驶向敌人的坦克仍然较长时间暴露在敌人的火力之下。坦克对油料的需求也会增加。这就缩短了行程，增加了补给工作的困难。理论上很难预计坦克行动的油耗和所需时间。车底距地高度（Bauchfreiheit）、徒涉和翻越能力、过沟能力等各类相关参数也只能作为计算的概略依据，因为土壤性质和天气会产生额外的影响因素。不过，有序的组织工作、有经验的指挥官老练的洞察力，以及娴熟的驾驶技术可以克服许多困难。因此，这些条件对坦克行动十分重要。

在判断地形情况时必须考虑以下方面：

1. 所有的公路和土路对坦克都很重要，因为这样的道路不伤发动机，并能加快行动速度，同时也节省油料。但是在使用这些道路时，必须始终记住，它们首先是轮式车辆所不可缺少的。路面的任何损坏都会间接影响装甲部队，因为这样只会延缓不具备越野能力的补给分队和乘坐轮式车辆的部队的跟进速度。

2. 在各类未知地形上行动时，坦克必须避免通过隘路、谷地和渡口，因为这些地方有被雷区封锁或遭到空袭的特殊危险。

3. 小树林或孤立的农庄会吸引敌人火力，因此必须避免通过这些地方。但较大的森林却能提供良好的掩蔽，特别适于休息、接敌和作为集结区。不过，坦克的任何部署都必须离森林边缘足够远，否则敌人用一副好的观测镜就能发现目标。不能因为大量的来回行驶而毫无意义地破坏茂密、低矮的灌木丛，突然中断的轨迹会向飞机暴露坦克的位置。

4. 若坦克要长时间停歇，修建掩蔽壕和坦克掩体来对地形进行人工加固就很重要了（以防遇上空袭危险）。

5. 所有的洼地、树篱、石墙和灌木丛都会减少己方武器成为敌人目标的概率，从而弱化敌方武器的火力效果。

6. 坦克应尽可能避免通过束柴路和涉水桥梁，以免影响轮式车辆和补给交通。

7. 风和坦克扬起的灰尘容易暴露自身的行动，但有时也会掩护这一行动。在进攻中，灰尘会妨碍后方武器的观察和支援。

8. 隐蔽地形是坦克接近敌人的有利条件，但是也便于近战反坦克手活动。这种地形也会妨碍观察其他兵种和与之协同。

9. 装甲部队规模越大，判断整体空间的意义也就越大。因此，在进攻时必须考虑到以下问题：

（1）对比部队实力，预定进攻区域是否有足够的宽度和纵深？

（2）进攻区域内的土质如何（沙地、中等硬度、坚实，还是泥泞）？地表的植被如何？

（3）进攻区域以外的地形性质如何？绕路的可行性多高？

（4）会迫使部队兵力被分割的地形，如村庄、小树林、林区、谷地、河道、沙丘、沼泽，有哪些？

10. 在判断地形的同时，应特别注意研究敌人会如何利用某些地段。例如，引导进攻的隘路和地段容易被反坦克炮、地雷和反坦克壕封锁；侧翼便于坦克行动的地形可能被用来实施反击；村庄和小树林可能成为敌人的夹击点。

因此，一般来说，以下条件对坦克进攻有利：稍有起伏的开阔地形，有大量发射阵地，便于接近敌人；厚实度为轻度到中度的坚硬土地；地势有缓缓的下坡，并有一些明显的基准点。

不利条件是：林木茂盛或隐蔽程度较高的地形（成熟的麦田、玉米地），陡峭的高地和水道等。这些都会使坦克的速度大为降低，或迫使坦克大幅绕路。

防御时的条件也大致如此，因为坦克在防御中也需要进行机动作战。防御时必须注意，位于自己空间侧翼的障碍物具有特殊价值。在敌人可能进攻的方向上，必须勘察若干个行动区域，探索接近这些区域的有掩护的路线，并确定可能的集结区。

天气的影响

即便士兵做好了准备，穿戴好了装备，在酷热、严寒、暴风雨和雨天作战还是会很困难。如果对气候情况判断有误，或者不能及时考虑到天气变化，就常常会导致人力和物力负担过重，从而引起各种严重后果。

1941 年，德军在苏联就有这样的经历：行军纵队先是陷在沙地里，随后又陷入淤泥中，最后又为冰雪所阻。"闪电战"因此提前终止了。当第一个泥泞季节到来后，德军士兵面临着一个迄今为止未知的、极为困难的局面。德军不得不动员全部的意志力来克服泥浆和之后的严寒所造成的致命威胁，此时敌人在武器方面也暂时处于优势。德军的武器和装备，尤其是车辆不断损坏。只有预先做好适当的技术准备才会有帮助。但这种准备一直是缺乏的。正如《一个士兵的回忆》一书中所写的那样："无论如何，对过冬的准备工作是很不足的。"

因此，"严冬将军"和身旁总是拥有最后话语权的"洗衣女工淤泥"，在苏联作战的第一年中完全主宰了一切。严寒和淤泥是比敌军士兵更凶恶的敌人，敌军士兵虽不敬重它们，但从小就了解它们，知道如何更好地适应。当时，每个兵种的每位德军士兵都知道一首关于与这些自然力量艰苦斗争的悲歌。古老的俄罗斯大地当时赢得了一场决定性的会战。

春秋两季，道路上到处是积水的坑。人员和马匹的腿上、车辆的轮辐上都沾满泥浆，车轴以下常常陷入淤泥之中。就连坦克发动机也时常出故障。德军东线战士沉默的英雄时代开始了。陷在开阔路段上的车辆的驾驶员，整天甚至整个星期不出驾驶室，以保护宝贵的物资。自此之后，千百台这类车辆及其乘员几周之内只能靠空运补给。摩托车通信兵经常做出难以想象的壮举。当时是自由发挥聪明才智的时期，是一个互助的时期，是独立思考、充满责任感和常常自力更生的德军士兵高歌猛进的时期。

1941 年秋，德军装甲兵陷入双重困境：自己的窄履带坦克有时只能以 1918 年坦克的速度行驶，同时却要面对苏军新式的 T–34 坦克。苏军这种坦克越野能力更好，装甲更厚，火炮穿甲能力更强，因此在一开始远超德军坦克。

这其中许多困难后来都被克服了。直到德军士兵熟悉了这个国家的特点以后，一些错误才得以纠正。如果德军士兵在和平时期就得到锻炼并获得实际经验，克服上述困难会容易得多。

根据德军的教训可以总结出以下经验：常与自然接触的人更能适应地形和天气条件，而愈演愈烈的城市化则使人丧失了对自然的感知。但当今的士兵必须能够利用不利地形为自己服务。例如，如果预计某地不会有地雷或其他敌人的行动，在利用充裕时间进行勘察和适当准备之后，该地可能是己方的首选。在敌人享有制空权的条件下，阴雨天气便足以提供取胜的机会。

必须反复强调的是，不能墨守成规，更重要的是如何正确利用地形和天气，以便能以最小的损失换取最大的胜利。只有在考虑到敌情和己方战斗力的同时，正确判断自然和天气条件，才能找到解决问题的办法。

八、后勤保障

及时和充分的后勤保障是所有作战行动成功的最重要的前提条件之一。

——《陆军服役条例》（H.Dv.）300 "部队指挥"

对机械化部队而言，后勤保障是一切胜利的基础。遗憾的是，大战期间的后勤保障有一段十分惨痛的经历。德国国防军连执行自身面临的艰巨任务所必备的前提条件都不具备。每一位德军装甲兵在回忆众多的后勤保障困境时，特别是在东线的泥泞和严冬条件下，向斯大林格勒、高加索和北非海岸进攻过程中遭遇的后勤保障困境时，各种忧虑、困苦和绝望之情都会再次浮现。对于部队指挥官来说，对后勤保障的争夺时常比执行对敌作战更为麻烦。

所有负责后勤保障工作的人员经常面临着几乎无法克服的困难，尤其是在进行大规模机动作战的时候。不仅补给品短缺，运输车辆的数量和性能也时有不足，这就迫使人们采取各种应急手段。为此，只有人员精良、组织灵活、具有丰富服务部队经验的后勤机构才能胜任。想做好这件工作，除了要与各种自然要素不懈斗争以外，还要与游击队或楔入后方的敌人分队进行斗争，这往往需要使用手中的武器。针对来自空中的威胁，不断加强专门的对空警戒措施也很有必要。

补给品的运送

坦克最重要的补给品是：油料、弹药和备件。

大战期间，油料补给始终是每一位坦克指挥官和各位乘员最关心的事情。除了通常非常困难的战场前送外，主要是补给配额不足限制了坦克指挥官的战术决策。因为油料是德国战争经济中的一个普遍存在的瓶颈。油料配额往往从一开始就有短缺，以至于执行某项任务的部队编成不是取决于对敌军兵力的判断，而是取决于可以获得油料补给的车辆的数量。部队申请的油料往往不足以完成任务！因为计算结果往往取决于一些难以预料或根本无法预料的因素。由于敌情、地形或人工障碍物的变化而必须绕道时，油料的消耗量就可能出现无法预料的增加。

此外，在战争进程中，反坦克防御的不断增强，以及自身坦克数量的相应减少，使战斗变得更加激烈。由于坦克必须在战斗中随时准备变换阵地或进行其他机动，因此即便在停车时也不能关闭发动机。此外，经验证明，有必要始终保持少量的油料储备，以便在紧急情况下能够多开几千米。所有这些因素都使坦克行程大大缩短，以至于有经验的补给人员在这种情况下都会将正常消耗量乘以三。

把油料储备在坦克附近，利用一切战斗间隙来补充燃料，这方面可以说心有余而力不足。由于敌人有强大的空中优势，因此只有在夜间才能进行补给。苏军坦克通常都装有柴油发动机，因此行程是德军坦克的二至三倍。另外，苏军在紧急情况下还可以毫无顾忌地利用人力运送油桶。

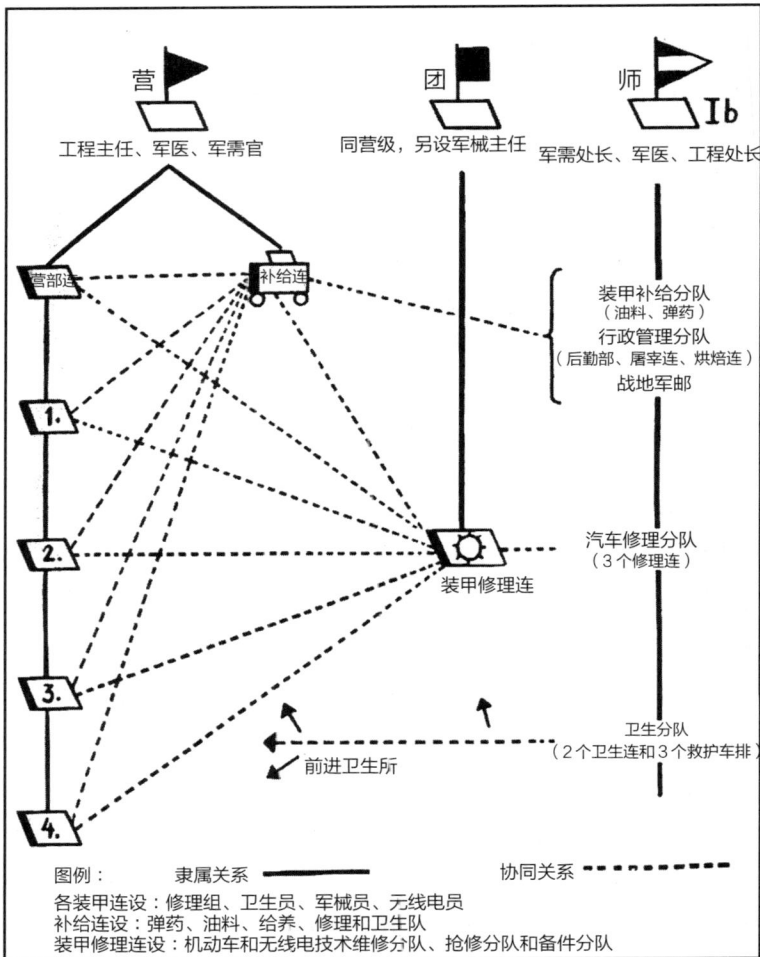

装甲营保障组织图

弹药补给问题比较容易解决。至关重要的是，充足的各种弹药足够分散地储存在前线各处。但是，有时短缺的偏偏是最急需的弹药。事实也证明，对部队来说，保持10%的紧急弹药储备是可行的。这些弹药只有根据特别命令或遭到突然袭击时才能动用。除此之外，部队都是临时自己想办法，要么交换弹药，要么转运已损坏坦克上的弹药。

备件供应是装甲部队补给中最棘手的问题。只有东线的作战才让德军弄清楚哪些零部件最容易磨损，以及需要多少备件才能使坦克保持战备状态。尽管在工厂和训练场上进行了大量的设备测试和其他试验，但许多技术缺陷都是在前线发现的。专门的车辆负载检验手段是：长时间使用车辆，不定期地维护和检测，以及研究驾驶员自然的疲劳和精神紧张的影响。此外，车辆的装甲防护力往往只能在战场上才能检验出来。

下面列出了一些在战场上发现的技术缺陷：

1. 坦克起火的危险不仅是由炮弹命中造成的，也是由维护不善或磨损的发动机漏汽油和机油造成的。漏油时，燃油流入发动机油底壳（Motorwanne），很容易造成起火。

2. 坦克的底部和尾部最脆弱，特别害怕地雷，因为这些部位装甲最薄。

3. 驱动装置因遭炮弹击中和地形影响而损坏，如果无法当场更换，车辆就会瘫痪。只有"豹"式和"虎"式坦克能够在紧急情况下利用自身巨大的负重轮进行有限的移动。

4. 炮塔和武器有因炮弹命中和爆炸影响而卡住的危险。这些因素也会导致舱门被卡住。

5. 空气滤清器（Ölfilter）起初不足以在非洲和苏联（夏末）的尘埃中净化空气。只有在空气滤清器能够吸取战斗舱内部的空气后,空气净化程度才被彻底提升,但这在冬季对乘员的健康是很不利的。

6. 在东线的冬季，起初启动发动机特别困难。采用了能产生热水并预热发动机的冬季专用发动机后，情况才有所好转。

7. 德国坦克履带太窄，容易脱落。防滑链（Stolle）只能用于雪地。由可锻铸铁（Temperguß）制成的履带板在严寒中经常断裂。

保障勤务的组织

在装甲团内，包括修理和抢救在内的部队保障是装甲营的职责。营的所有补给问题都要与各连专业人员协作解决。

战争开始时，大部分运输车辆还都编在装甲连里，只是在执行特定任务（如行军）时才把它们集中使用。但这导致了诸多不便，因为各连的兵力及对运输车辆的需求是根据作战任务和地形条件而迅速变化的。这就经常需要把某一连的补给品与另一个连交换。

因此，1943年至1944年间，各装甲营都成立了一个补给连，包括野战炊事车在内的所有补给车辆和修理组都集中在这个连里。一旦某装甲连被抽调到其他部队，这个连的补给车辆也会自动随调。为此不需专门下达命令。

营里编了补给连以后，营长就可以有重点地组织好本营的补给工作。各个技术人员也更容易集中完成他们的补给任务。

补给连长通常由最年长的装甲连连长担任，他同时也是副营长。补给连长的工作特别需要预见性和谨慎性。他必须随时与营指挥所保持联络。联络一般通过电台，或者尽可能频繁地亲自协商。

实战证明，这种编制直到战争结束前都切实可行。采取这样的编制，整个补给过程变得更加灵活、快速，也更加节省。不过，顺利实施补给的前提是，连长始终对各部队的补给状况有一个总体把握，尤其要及时了解战况，以便能够提前做出计划。不管补给机构的工作怎样出色，如果作战指挥官不支持他们，不在定下决心时考虑补给状况，也不会取得什么胜利。

补给连根据师后勤处长（Ib-Sachbearbeiter）的指示在后方仓库补充库存。装甲连通过补给专线申请补给，在战斗过程中或在行动期间也可通过战术联络专线申请补给。根据情况向各连派出一些补给车或补给分队。在这一过程中适宜的做法是，让负责军需的士官始终与所在连队一起工作，这样就能保证与军需官之间的个人联系，这在战场上是个极其重要的心理因素。例如，如果从补给连派出4名司务长（Hauptfeldwebel）负责补给工作，他们能极其出色地完成自己作为"连队之母"的任务。

维修流程

在维修区，团的修理连是主要的修理分队，而营只有一个修理队。只有独立的统帅部直属部队，如"虎"式装甲营，才有自己的修理排。每个连则通过修理组及各连的书记官（Schirrmeister）直接与修理分队联系。

营内的全体修理勤务人员都归营工程主任领导，他负责监督修理分队的行动。在实践中，营修理勤务的任务与团修理连的任务无法细分。修理任务根据情况和工作条件而定。当团驻止休整时，为便于更合理地分配修理工作，常常要把所有修理勤务人员集中在修理连里。但这也不是一成不变的，一切都要根据经验进行安排。总的来说，各装甲修理组的工作很像医疗勤务中的急救工作，例如，不断检查战备状况，排除油料传输、点火和分配装置的故障。这些任务大多能就地完成。

修理组的全体成员都受过卫生勤务训练，能在战场上为负伤的坦克乘员进行急救。实战证明，1吨重的牵引车是最适于修理组使用的越野车辆。但缴获的坦克底盘也非常有用，缴获的轻型坦克甚至可以支援抢修排的牵引任务。

坦克乘员与飞行员不一样，飞行员在任务结束后就把飞机交给地勤人员，而每位坦克乘员则首先要亲自保养车辆。坦克乘员负责战备工作，修理分队则提供技术支援。若坦克必须送至修理连，那么乘员都一同前往；而报废坦克的乘员则要把补给连当成第二个家，直到被重新调配后再离开。修理连和补给连常常会安排这些乘员担任警戒，或派他们充当应急部队。

装甲修理连根据需要和现存状况从备件仓库领取备件。而这些仓库又时常将补给站移至前线附近，以便通过缩短距离加快修理进程。坦克的维修与轮式车辆的维修是分开进行的。修理尽量在拥有坦克修理间的就近部队进行，而其他兵种的车辆则要依靠师的修理连。只有这样缩短时间和简化送修手续，才有可能更快地修复坦克。与战斗分队及共同上级之间的个人情谊大大提高了修理分队的工作效率。

下表的数据摘自作战14天后的某装甲团（1944年）的作战日志，可以作为一个例子，说明一个出色的修理连能够取得怎样的成绩。

修理程度	作战前数量	作战中的最小数量	作战后不久的数量
完全处于战备状态	109	30	97
14 日内可以修好	4	68	11
修理期超过 14 日	28	19	9
报废	4	28	28
合计	145	145	145

装甲修理连的编制和任务

修理连是一个移动的修理所，能够完成各种机械修理任务，例如更换发动机或传动装置等组件。因此，连内编有各种专业人员：电工、焊工、悬挂装置修理工（Federschmiede）等。

连的编制为：1 个指挥班、2—3 个修理排、1 个军械修理排、1 个抢修排和 1 个备件队。

修理排要在有经验的修理师的指导下，大多数情况是顶着极为艰难的条件和巨大的时间压力，执行各连的修理组不能完成的修理任务。他们时常要夜以继日地工作，争取尽快修复坦克，从而给予前线战友有力的支援。这些修理排的修理能力比和平时期预料的要强得多。

军械修理排配合装甲连的军械军士工作。该排的任务是修理那些无法在部队内直接修复的武器。各种武器保持完好是在战斗中取胜的最重要前提之一。

抢修排负责把损坏车辆拖到修理连。它使用 18 吨的牵引车将无法开动的坦克直接拖到修理连，或者在距离较远的情况下拖到集结区，随后将一个修理排或整个修理连转移到集结区。最重要的原则是，保持尽量短的拖运距离，并尽量在故障地点修复车辆。为实现这一原则，在战争快结束时出现了专门的辅助工具，例如可以在坦克炮塔上安装的吊车，以便在必要时能立即更换发动机和传动装置。向前拖运坦克时，炮塔转到 6 点钟方向，向后拖动时转到 12 点钟方向，这样就不会损坏长长的炮管。平整绳索也很重要，因为绳索极易撕裂，容易伤及人员。

备件队携带修理武器和车辆所需的全部零件。它负责持续从后方仓库补充备件。

修理分队的战术行动

修理和抢救工作会影响每一次战术行动。因此，这些工作必须符合战术原则。这也极为明显地体现了战术和技术的密切关系与同等重要性。坦克数量不足、抢救困难和必须节约油料，迫使德军尽量就地维修坦克。德军装甲兵在这方面具有开创性。正是由于修理分队的自我牺牲和不懈努力，坦克才得以不断得到补充，战斗分队才得以保持着战斗力。

行军时，连的修理组在本连的队尾。部分修理组人员会根据需要留在损坏车辆上。修理连以跃进队形跟进，以便始终能有一个排来完成修理任务。抢修排同样跟随本团待命。在道路条件很差（泥泞、冰面、雪地等）的情况下，抢修排将被预先分配，以便能在山隘等难行路段即刻提供行军援助。

在休息、集结（Bereitstellung）和战斗中区间停留（Ordnungshalten）时，修理分队要检查车辆、武器和无线电台，并为乘员提供建议和帮助，以确保其车辆处于战备状态。只有技术上没有故障的坦克才能重新参加战斗。

战斗进程中，修理组紧随本连跟进，与本连保持无线电联络。在营的进攻区，修理组的任务是搜寻并立刻援救所有因损伤而掉队的坦克。修理组必须向营工程主任报告特殊情况，以便他立即安排后续行动：调来牵引车，把所有需要修理的坦克集中拖至某有利地点，或者拨出备件就地修理。为使修理组更容易发现损坏的单辆坦克，乘员们会摆动"损坏"信号旗；如处于不易被发现的地形，则会摆放指示牌，以便抢修车能够迅速找到他们。当装甲连临时脱离本营独立执行特殊任务时，会尽可能为其配备一辆牵引车，以便该连能在必要时自行施救。而这一困难就已经表明，一定要避免将装甲部队分割为单个装甲连行动。然而，第二次世界大战的特殊条件常常迫使装甲部队非分割不可。

退却（Rückzug）给各修理分队提出了最困难的要求。因为此时敌人正在逼近，故而不可能像行军时那样，让无法动弹的坦克在原地等待后续抢修。如修理分队来不及修理或拖走，即使轻微损坏、很容易修复的坦克也可能落入敌手。因此，在这种紧急情况下，也会使用战斗坦克执行拖救任务。损坏坦克的乘员应做好一切准备，使坦克能被拖走——例如驱动装置卡住时，就要设法在诱导轮（Hilfsrollen）上张紧履带。只有根据特别命令，或完全没有救援的希望时，才能炸毁如此宝贵的坦克。每辆坦克上都有用于此目的的炸药。

当有大量坦克损坏时，修理连需要更长的时间来进行修复。由于修复工作不能因转移阵地而频繁中断，因此修理连在快速推进过程中常常会拉大与本匝的距离。所以，在和平时期已经计划让修理连利用中波电台进行直接的无线电联络。这一点在作战中被证明是特别重要的。团的各分队不知道多少次彼此拉开很大的距离！但即便距离非常遥远，或面临极特殊的情况，各分队也总能想办法恢复联络。实战证明，修复的坦克或补给分队由一名军官指挥，组成小分队进行长途行军和穿越危险地区是很合理的。在运动战中，情况变化非常迅速，这些坦克很可能遭遇突入后方的敌坦克。这样的小分队往往能独立做出决断，并就地取材脱离险境。

服装和装备

装甲兵战斗分队的制服是黑色的，其他各战斗和后勤分队都穿原野灰色的制服。紧腰的装甲兵短夹克和长紧腿裤（Überfallhose）证明了自身价值。至关重要的是，装甲兵能够在坦克内自由行动，尤其在快速进出车时不会挂住什么地方。而黑色制服在战时作用不大，因为它不能为装甲兵在车外提供任何伪装保护，单是这种颜色就容易暴露坦克的存在。

系带皮鞋（Schnürschuhe）既不能有钉子鞋底，也不能上铁鞋掌，否则会影响装甲兵在光滑的装甲板上安全移动。有些人喜欢穿半高的靴子［军用短统靴（Knobelbecher）］。它在冬季和泥泞地有其优势，但夏天穿太热，而且脚受伤时还常常要割开靴筒。每人还配备一副短护踝（Knöchelgamaschen），以更加牢固地支撑脚部，但很少有人用它。

军帽方面，黑色船形帽和黑色滑雪帽取代了装甲兵和平时期戴的圆形军帽。滑雪帽带帽檐有一个好处，特别是对车长来说，可以防止雨水直接打在脸上，也可以使太阳光不那么刺眼。其缺点是，帽檐常常碰到坦克舱顶。

坦克乘员在战斗中几乎从来不穿外套或大衣，因为它们太妨碍活动了。但乘员仅靠短夹克又不足以防寒，尤其是坐着的时候短夹克不能完全盖住背部。有些乘员缴获的无袖半长皮夹克，特别适合于苏联的严冬。宽敞的羊毛束腰防寒也很有效。

这些军用内衣在正常的天气条件下令人满意，但对于苏联的严冬来说是不够的。作为补救措施，乘员们只好穿缴获的苏军棉布冬装或家里寄来的保暖内衣。

在仲夏时节，穿装甲兵夹克太热，特别是在南线地区（高加索等地）。因此上级批准乘员穿着带有军衔标志的黑色短袖亚麻衬衫。非洲的坦克乘员则穿着他们特有的、实用的卡其布军服。

每个士兵都有两个亚麻布洗衣袋。一个总是由补给分队携带，另一个则装着必备衣物和其他必需品，放在坦克里。携带换洗衣物和鞋子很困难。坦克内部没有放这些东西的地方。为此，坦克的尾部会放一个木箱，或者在炮塔后部携带一个铁箱。但这样做的缺点是，箱内的物品经常遭到子弹或弹片的破坏，有时箱子甚至会整个脱落并被毁坏。

此外，每人都有一块防雨篷布。例如，车长会在雨天把它当雨衣使用。这块篷布也经常用来伪装和遮盖临时宿营地。

乘员在坦克内不扎腰带，也不带副武器，这些东西和手枪套一起放在易取的地方。装甲兵把手枪插在背带上，以便随时随地进行自卫。遗憾的是，08 式手枪[①]太大，装不进裤兜里。

坦克内没有放钢盔的地方。它通常被固定在坦克炮塔上，但这样很容易丢失。完全没有钢盔是不行的，因为在离开坦克后，尤其是进行徒步战斗（infanteristischen Einsatz）时，它可以有效防止小型弹片伤及头部。遗憾的是，尽管车长也迫切需要防护头部，但这种钢盔的形状不适合需要将身体探出车外观察的车长。

给养

给养（Verpflegung）总的来说是良好和充足的。坦克内部无线电员（Stullenschmierer）旁边的弹药箱中，存放着紧急备用口粮和 2—3 日份的给养。在艰苦的作战日，会给装甲兵发放特别给养。这种给养包括富含维生素的糖果、"思嘉乐"巧克力（Scho–Ka–Kola）、葡萄糖和饼干。大多数装甲兵更喜欢抽香烟而非雪茄。烟草大都限量供应。偶尔也供应一些随军贩卖品（Marketenderwaren）。

发放给养和随军贩卖品，以及服装、军饷和战地军邮，都由部队军需官（Truppenzahlmeister）负责。这些人大都是有经验的军人，他们与上级军事管理部

---

① 即鲁格P-08手枪。——译者注

门的战友一起，预先采购好食品和嗜好品，以改善战友们的前线生活。在情况多变的摩托化运动战中，宝贵的物资有时会丢失，但这不是他们的错。主要因为他们也是从自己的战术上级——后勤处长（Ib）和参谋部军需官（Quartiermeister）①那里领命的。令人惊讶的是，在第二次世界大战那样艰苦的条件下，这项对士兵健康如此重要的任务也始终出色地完成了。

装甲兵的每个分队也都有自己的野炊车（Feldküche）。尽量选取越野能力高的卡车来装载炊具。炊事员和驾驶员们不知疲倦地进行准备工作。能干的司务长们尽量使野炊车紧跟战斗分队。例如，在战斗间歇，坦克乘员常常能吃到饭菜，有时还不仅仅是炖菜（Eintopfgericht）。如果野炊车无法紧跟战斗分队，就用挎斗摩托车（Beiwagenkräder）或半履带摩托车（Kettenkräder）将盛着饭菜和热咖啡的保温食品桶送到前线。

部队医务保障

部队医务保障也应当采取符合机动作战特性的专门措施。援救及时，贡献加倍！对这一原则的坚持挽救了许多优秀装甲兵的生命。因此，卫生员与修理分队差不多，也要乘坐装有无线电台的装甲车辆跟随进攻部队，以便尽量在战斗中急救和转运伤员。遗憾的是，这些车辆往往不足，无法让卫生员在任何地点进行现场救援。这时只得使用民用汽车或其他辅助车辆。医务军官和军士的伤亡特别大，因为他们毫无顾忌地把自己暴露在敌人的枪炮之下。

转运伤员有时非常困难，特别是当坦克在敌军的炮火之下无法动弹时。每辆坦克里都有绷带包和烧伤药膏。如果战斗进展迅速，所有这些困难都更容易克服。这时，救护车会火速跟进，迅速将重伤员送至总救护站（Hauptverbandsplatz）或野战医院，以便进行手术治疗。

飞机经常被用来从战场上运送重伤员。菲泽勒公司的"鹳"（Storch）式飞机特别出色地经受了实战检验，挽救了许多士兵的生命。

为救助伤员可谓倾尽全力。因此，伤员也总想在康复后返回本连。为不致失

---

① 均属师级军官。——译者注

掉与本连的联系，许多装甲兵都尽量在团卫生所进行治疗。

小结

后勤保障工作会对装甲兵分队指挥战术有一定影响，而本节只是探讨了有关后勤保障的最重要的经验，目的是说明技术和后勤保障对机械化部队的指挥和作战的重要意义。我们可以得出以下教训：

每一名坦克乘员都必须共同思考和行动，以使自己的车辆作为机动作战载体保持战备状态。只有这样才能克服各种困难。装甲兵的补给品极为宝贵，而且很难补充。训练有素的专业人员也是不可替代的。必须在战术和技术方面正确使用后勤保障分队，分散作业场所，合理分配补给物资，以及做好抵御敌人地面和空中袭击的安全措施，以避免不必要的损失。装甲兵的战斗分队和后勤保障分队是一个不可分割的整体，而它们之间的正确协同是一项需要经验和互相援助的事务。二者必须共同维持坦克的战斗力，以便利用它取得胜利。

专业术语和数据

1. 油料

行程（活动半径）是指坦克一次性加满油料后在公路上所能行驶的距离。

耗油定量（Verbrauchsatz, V.S.）是指坦克理论上在公路上行驶 100 千米消耗油料的升数。装甲团规定坦克的油料储备为 2.5 倍耗油定量，轮式车辆为 5 倍耗油定量。

油料计算：

坦克型号	油箱容量	行程	耗油定量
四号	470 升	130 千米	300 升
"豹"式	730 升	145 千米	400 升
"虎"式	570 升	80 千米	650 升
"虎王"	660 升	100 千米	550 升

实战中，根据地形的难行程度，上述耗油定量最多增加 100%。在较长时间的战斗中，油料消耗的增长还要快得多。坦克应携带油箱（20 升）或 200 升的油桶，以便尽量延长行程。

运载容量：

一辆 3 吨的卡车可运载 110 箱或 11 桶油料，共 2200 升；

一辆 4.5 吨的卡车可运载 180 箱或 18 桶油料，共 3600 升。

2. 弹药

坦克可携带的炮弹数量如下：

四号坦克——87 发；"豹"式坦克——79 发；"虎"式坦克——92 发。

穿甲弹和爆破榴弹所占的比例，根据情况和弹药供应量而有所不同。烟幕弹规定占 8%。坦克乘员也会通过增加装载量来尽量增加携弹量。一个装甲营运载 40 辆坦克一个基数的弹药，需要 31 辆载重 4.5 吨的卡车。

3. 给养

每个士兵都会领到一份精简给养。坦克内还有 3 日份的专用给养。每个野炊车储存一整日份的紧急备用口粮。给养车还应携带 5 日份的口粮，但是规定往往无法执行。

九、侦察和警戒

侦察的成果是指挥措施最重要的依据。

在驻止状态下、在机动中以及尚处于战斗中的狭小范围内都需要警戒。

——《陆军服役条例》300 "部队指挥"

侦察同时也是最好的警戒手段。不过，侦察和警戒任务给每支部队都造成了沉重负担，尤其是在艰苦的战斗之后。由于德军士兵的疏忽大意，再加上时常薄弱的作战兵力，有些必要措施往往不能实现。第二次世界大战中的许多失利都是侦察和警戒不力造成的。

侦察

由于现代反坦克武器的防御火力增强，进行地面侦察已变得越来越困难。另一方面，及时查明敌人意图在今天甚至比过去更重要，因为摩托化的敌军能够突然出现并迅速变更部署。

在战时，不经战斗的侦察一般已是不可能的。由于反装甲武器数量的增加，装甲侦察也越来越受限。只有在防线松散或防线被进攻行动撕开的情况下，地面侦察才能取得超出局部意义的结果。特别是侦察营的装甲侦察队，往往能够在敌区停留好几天，隐蔽观察当地情况，并报告敌人的重要动向。而面对绵密的防线时，就几乎只能派遣步兵侦察队实施侦察，他们通常只能获取前线的一些具体情报。只有由装甲集群或由坦克和炮兵支援的突击队实施的战斗侦察，才能获取更详细的情报。因此，侦察的实施越来越仰仗航空兵和 Ic 部门[①]。他们的研判与战斗侦察和地形勘察的结果相结合，奠定了装甲部队作战行动的基础。

一旦缺乏有战斗力的侦察机构，有时就不得不使用坦克进行战术侦察（特别是在前进或运动防御中）。但是，实战证明这一应急措施并不成功。坦克的速度不够快，行程不够大，无法迅速接近和绕过敌人，并在敌防御纵深进行侦察。另外，履带的轰鸣会过早暴露它的行动。坦克无线电台的工作半径也不够，因此装

---

① 即师部专设的侦察机构。——译者注

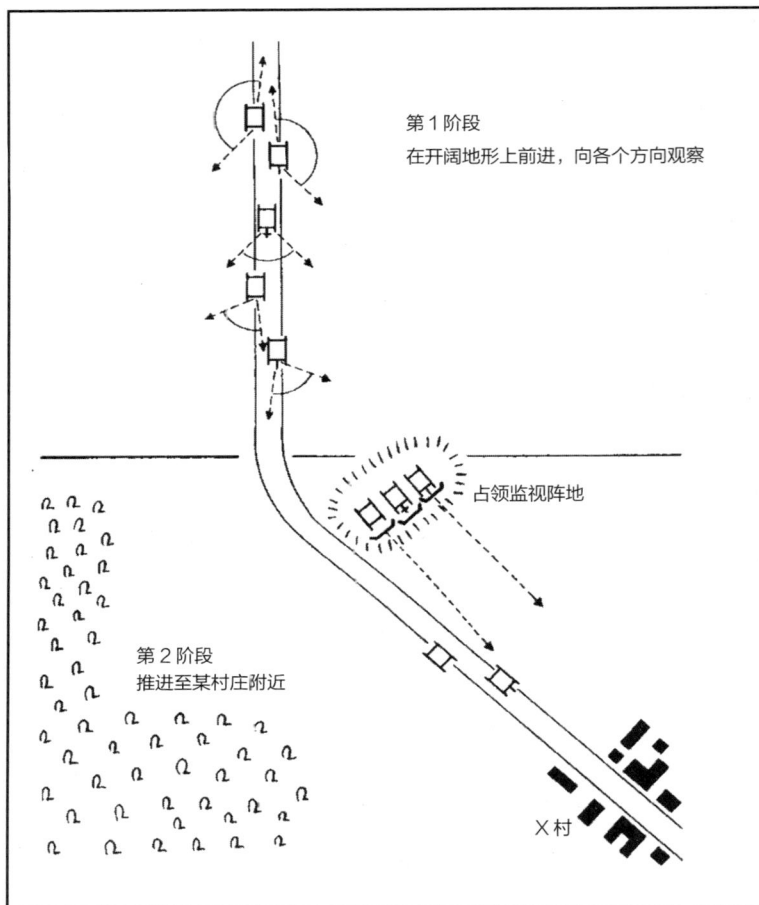

第 1 阶段
在开阔地形上前进，向各个方向观察

占领监视阵地

第 2 阶段
推进至某村庄附近

X 村

尖兵排的行动

甲侦察队出动时还必须再配一辆携带中波电台的电台车。坦克还要携带额外的油料，有时是坦克自己携带，有时由另一辆车携带。遇上观察不便和难以通行的地形，这种地形在东线较多，往往要派出工兵或装甲掷弹兵分队支援装甲侦察队。这一切都增加了指挥的难度，并使装甲侦察队的机动性受到很大限制。这样的侦察队也无法与敌人保持接触。装甲侦察营的 8 轮侦察车更适合完成战术侦察任务。因此，如果可能的话，分配一些这样的侦察车给有较大独立任务的战斗群。如果这些侦察车未能完成任务，那就要派出军官侦察队施以援手，乘坐桶车或缴获的吉普车进行侦察，或派出装甲营工兵勘察排的班进行侦察。然而，这种权宜之计往往导致大量伤亡，而这些伤亡通常与战果不相称。

坦克实施战术侦察的原则与其他兵种一致。战术侦察的任务由部队战术指挥官直接下达。侦察队在观察点之间跃进移动。他们在交互火力掩护下接近敌人，并在规定时刻，在穿越某些线路或重要地点时，或在特殊情况下随时通过无线电报告敌人和地形的情况。

装甲部队最重要的侦察活动是战场侦察活动。这种战斗侦察由营部连的轻型装甲排实施，根据需要也可以由战斗连队的装甲排实施。轻型装甲排起初只有装备20毫米炮的坦克，但后来也得到了型号与装甲连相同的坦克。这有时会导致一种情况，即为了在战斗中拥有尽量多的火炮而忽视侦察。这样会导致损失（例如被伏击）。在不派出装甲排去侦察的情况下，用若干个排在正面和侧翼进行近距离警戒尤为重要。

实施战斗侦察常会遇到很多困难。只有经验丰富而机智的排长才能顺利完成任务。实战证明，用于战斗侦察的坦克有必要根据地形保持足够近的距离，以便行动能够被第一批次坦克和伴随炮兵随时监控。为了确定雷区的情况，可使用"无线电导引坦克"。派出这种坦克的主要目的是使"虎"式装甲营的进攻能够穿透敌人的防御体系。然而，由于这类坦克产量低、消耗快，因此无法持续配属各装甲营。

没有特别命令时，所有的侦察任务都要与地形勘察结合。在进攻前围绕装甲部队作战可行性进行地形勘察时，为便于伪装，只能利用轮式车辆或徒步完成任务。

地面侦察的问题在战时并没有得到完全解决。只有通过进攻才能完全弄清敌人的情况。

警戒

第二次世界大战期间，连国内都有必要抵御空中和地面的突然袭击。在前线，大多数阵地并不绵密，这就要求加强警戒措施。因为突入的敌坦克、游击队和伞兵可能会突然出现在前线后方很远的地方。

面对战争期间逐年增加的空中威胁，坦克的防御措施是：在运动中要拉大间距，在驻止时则采用分散和不规则的配置、伪装、挖掘掩体以及积极的高炮警戒。实战证明，在坦克炮塔上安装高射机枪并不是好办法。开始生产防空坦克的时间太晚。

在战争快结束时，只生产出了几辆样车。

行军警戒

装甲部队行军警戒的编制，要比步兵简单得多，因为装甲部队可以更迅速地做好战斗准备。因此，不必把装甲部队分成先头部队和主力。为保障装甲部队顺利前进并迅速粉碎敌人的小规模抵抗，需要派出善战的尖兵（kampfkräftige Spitze）。尖兵通常为一个加强装甲排或一个加强连。此外，摩托化部队要成正确

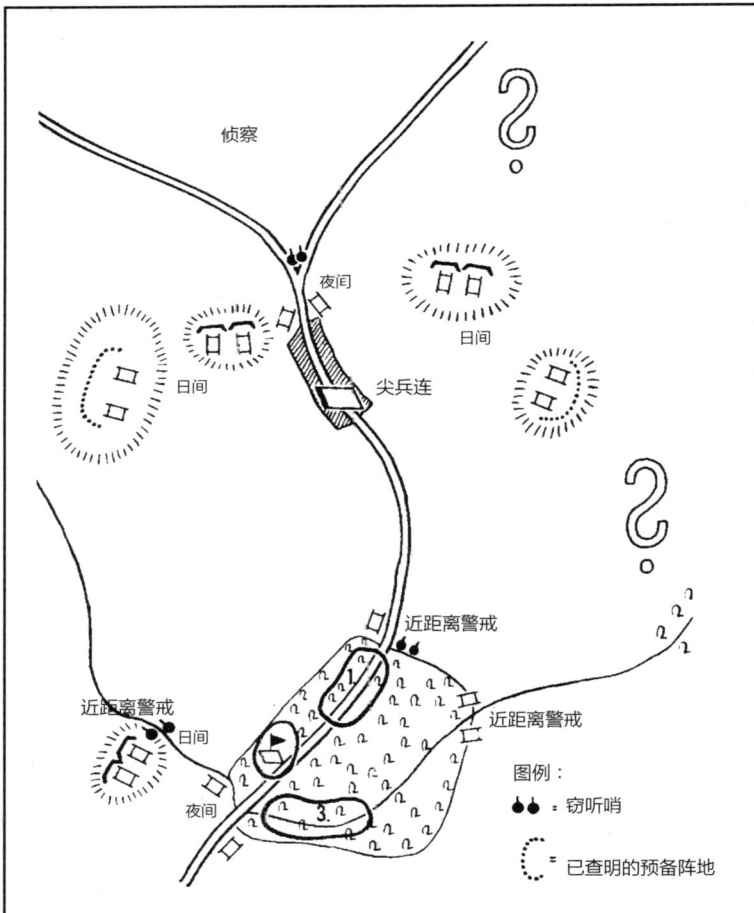

装甲营的日间和夜间警戒

的队形来实施行军警戒，而在运动时以展开队形实施警戒。

尖兵的以下行动原则受到了实战检验：

1. 尖兵排保持松散的警戒间距前进。间距的大小依能见度和即刻互相支援的机会而定。

2. 极易受威胁的第一线坦克必须始终得到跟进坦克的支援，因此，跟进坦克应成梯次跟随前方坦克，以便能立即开火。为首的两辆坦克的火炮各装填一枚穿甲弹，以便立即向突然出现的敌坦克开火。

3. 在转弯处、越过高地之前、驶出树林和村庄时，都要短暂停留，进行观察。在中间地段要加速行驶，以弥补耗费的观察时间。

4. 在前进过程中，前两辆坦克向前方观察，跟进的坦克则向左右观察，必要时也要向后观察。

5. 排长位于排的中央，以便根据情况确定采取交互跃进方式或跃进方式前进。在出现各类紧急情况时，排长应在前面带头行进。尖兵连连长，在尖兵排和连队之间行进。与连长一起行进的还有航空兵联络军官、伴随兵种的排长和炮兵指挥官。在紧急情况下，连长也与先头排一起行进。

6. 在接近可能为敌所占的居民点、高地、路段或树林时，先头行进的半个排占领监视阵地，剩下的半个排则绕过这些地点，小心地接近居民点。

7. 尖兵若与敌遭遇，并与敌展开交火时，必须迅速得到跟进分队的支援。若敌人兵力占优，而有可能或需要绕过这支敌人时，应派出一支新的尖兵。原来的尖兵负责其运动的警戒工作。

8. 及时通报尖兵尤为重要，要使其知道侦察组获得的情报和己方空中侦察的报告（通过标记或空投情报）。

9. 每一支尖兵部队原则上都要配属工兵，以便能在行军和战斗中得到援助。工兵的任务是迅速清除各种小型障碍，并协助尖兵清除警戒薄弱的障碍物。工兵对于尖兵的顺利推进特别重要。

10. 尖兵要始终处于无线电待命状态，以便能够立即向跟进部队通报敌情，必要时也通报地形、道路和桥梁状况、俘虏的供词等。

11. 行军休息时，尖兵继续对行军方向进行警戒。在继续行军前，通常要轮换尖兵，以使其加油和补充给养。

除派出尖兵外，较大的装甲部队还常常会派出先遣分队（Vorausabteilung）。先遣分队的任务是清理前进道路，并迅速占领具有战术重要性的地段或高地。先遣分队至少要提前一到两小时出发。其编成依敌情和任务而定。在法国，当道路良好并有可能迂回守敌时，摩托兵营或步兵营能够最迅速地占领有利地形，而在东线则主要使用坦克占领有利地形。

驻止警戒

驻止、行军休息、位于集结区和区间停留时的警戒原则如下：

1. 警戒分队与驻止部队的距离，应使警戒分队能在遭遇敌人优势兵力时迅速得到支援。这一距离还取决于警戒兵力、驻止部队的战备程度以及敌情和地形。

2. 根据地形和敌人威胁程度，为警戒部队划出不同宽度的行动地段。在没有道路网的开阔地形上，警戒地段可以很大，警戒部队要前出得远一些，尤其是有可能从一点轻松观察整个前沿和中间地带时（比如在能见度高的草原或沙漠）。区域越隐蔽，驻止部队的警戒兵力就要越多，距离就要越近。

3. 警戒部队和驻止部队之间的联络必须快速而可靠。为了保密，通常只有在开火后才能使用无线电台。因此，最好有一辆通信车，遇到持续性的警戒任务时，还可使用电话联络。

4. 警戒部队在可以开火前不应暴露。因此，警戒阵地必须有良好伪装。这在有起伏的地形上，只有在地表植物不高时才能办到。在任何情况下，都不应暴露坦克的外形。在开阔平坦的地形上，担任警戒的坦克必须在伏击阵地或在掩体内隐蔽待命，直到前哨发出警告信号后才能进入射击阵地。

5. 开火需要专门的指示。在开阔地上，当兵力占优的敌军接近时，必须及早开火，以警告被警戒部队，使其有时间采取措施。当小股敌军接近时，最好推迟开火时间，以争取全歼或俘虏敌军。必须确定与敌人可能突然出现的显眼地点之间的距离，以避免在开火时出现延误。

6. 必须事先准备备用阵地，并且必须能够迅速而隐蔽地占领这些阵地。可以通过随时转移阵地制造兵力强大的假象。同时，还需要对后方阵地及其隐蔽接近路线进行侦察。如果要在开阔地上吸引敌人对坦克阵地的火力，可布设坦克模型或简易土堆。这些伪装装置彼此间应拉开足够大的距离。即使在平坦地形上也总有能掩蔽坦克的洼地。应对这些洼地加以利用，而且鉴于坦克炮的覆盖范围，距离 200—300 米无关紧要。

7. 所有担任警戒的坦克的掩体必须至少能保护履带不受飞机轰炸或炮击。这些坦克应倒车进入掩体，炮塔转向 6 点钟方向，以便能迅速转移阵地。

8. 在警戒时，部分乘员必须留在车内准备行动，随时都要有一个人守在武器旁。警戒时持续用望远镜进行观察（在开阔地上于坦克内观察，设伏时则在树上或高地上进行观察）尤为重要。这一过程中决不能忘记换岗。

9. 夜间和大雾中，必须改变警戒阵地的位置。这时，高地已不像白天那样重要，重要的是道路、谷地和渡口。此时，警戒部队要靠近被警戒部队并加强兵力。担任警戒的坦克应由步兵或自身徒步分队（如工兵勘察排）加强。实战证明，绊索障碍物与炸药相结合，对付敌人的夜间侦察队非常有效。重要地点的方位还是要在白天测定。一定要避免不必要的发动机启动，因为噪声在夜间可以传到很远的地方。

10. 每支驻止的装甲分队还必须在当地用哨位和若干坦克实施警戒。哨位同时要发出空袭警报，向抵达的通信员指示指挥官的位置等。坦克绝不能无人警戒。由于装甲部队在行军休息或驻止时总是忙于技术保养，因而先要尽快保养出一个分队的坦克，以便在警报响起时能有一支完整的部队立即投入战斗。

11. 在装甲部队出发时，担任警戒的坦克位于队尾。

12. 装甲部队执行警戒任务时，不应使乘员负担过重。因此，必须尽可能配属其他兵种的分队，主要是步兵和反坦克分队。

无论组织什么警戒，都要遵守一条老规矩：

警戒，但不要占用过多兵力。要全力执行主要任务！

十、行军

　　成一列长纵队顺畅地行军是摩托化部队纪律的试金石，也是其指挥官警觉性和主动性的试金石。

——霍特[1]

　　前进，前进，再前进！坦克曾一次又一次地出发，前进，进攻，追击，击退突入的敌人；在一个遥远的地段迅速行动，然后再回到原来的地段；穿越荒野或沿着极为坎坷不平的道路前进。有时，坦克疾驰前进，以至于驾驶员都无暇看一眼里程表。但也有一些行军，由于天气、路障、损坏的桥梁或天然障碍物而一再受阻，比战斗本身还要折磨人。

　　德军坦克行驶过的里程难以计算，它们在东线到过高加索和伏尔加河一带，在非洲远达阿拉曼，也曾在巴尔干、挪威和芬兰的战场作战，在意大利和法国作战。凡是战况需要坦克出动的地方，坦克都到过了。优秀的坦克驾驶员有时一连几天坐在操纵杆前，往往稍加休息就又出发了。他们驾驶着坦克碾过树枝和碎石，穿过泥地和雪地，翻山越谷，向着敌人前进；将敌人消灭后从旁绕过甚至直接碾过。乘员们满是汗水的脸庞在又脏又破的战衣下几乎难以辨认。包括最高指挥官在内的各级装甲兵的外貌都是如此。所有人都有同样的愿望：向前，前进！

　　这种奋勇前进的追求，对所在部队（它对战时的德军士兵来说就意味着家）的不离不弃，是必要和正确的。但是，这种情绪也会过度，从而导致不良的行军纪律和有时几乎难以疏通的道路拥堵，以至于使指挥暂时瘫痪。

　　在战争的严酷现实中，一些在和平时期遵守得很好的行军原则很快就无法实行了，而另外一些原则经受住了实战的考验。在此可以明确以下行军经验：

　　1. 速度

　　一般而言，事先规定的行军速度，或以千米／小时[2]为单位的先头车速度始终停留在理论层面。在战争期间，行军速度是由大部分未知的道路状况和最初同样未知的敌军行动决定的。正确的做法是，先头车的速度只应是纵队中最慢车辆速

---

① 赫尔曼·霍特（Hermann Hoth，1885—1971），装甲兵大将，曾任第4装甲集团军司令。——译者注
② 此处原文为"小时／千米（St/km）"，不知是排印错误还是自有考虑。——译者注

度的一半。行军部队的长官或其副手在前面开路，从而决定行军速度。

2. 距离

各部队之间和各分队之间的规定距离，对于行军的稳定性是必要的，但这些距离过小，因此很快就无法保持了。大多数情况下，队形密集也是必要的，因为东线的道路状况很差，手头的地图又不精确，每辆坦克都必须努力保持与前方分队最后一辆车的联系。这样可以防止旁支路线的其他车辆插入自己的纵队。如果一支部队要快速推进，最好让它至少提前半个小时出发并独自行进。

3. 驻止和休息

长途行军时，白天的驻止不能像平时那样按时间表来下令，而必须根据隐蔽的条件下令。多数情况下，车辆都是因技术故障而驻止。每次停车时，原则上要利用这个时间检查车辆，并补充油料。

行军休息首先是为了补充油料。一个装甲营加油至少需要一个小时，因为即使用油罐给一辆坦克加油也需要大约半个小时。此外，还要加上坦克开到休息区的时间和将油料车和野炊车开到部队所需的时间。

长时间驻止和休息时，迅速让出行车道路极为重要，特别是停在十字路口、隘路、渡口、小型居民点时。道路上只留下哨兵或摩托车通信兵，以便向掉队车辆、后勤保障分队和通信人员指示配置地点。

部队进入集结区或驻止时，应在明显地点设置路标和注明部队代号的方向箭头。部队重新出发时，不能忘记拆除这些标志。

4. 夜间行军

夜间行军时，车间距离很小，以至于可以看到前车的尾灯。否则，纵队就会不可避免地发生混乱。夜间行军时，车长的工作十分紧张，因为他不仅要注意衔接，而且还必须利用车载对讲机或信号指示驾驶员。在漆黑的夜间，车长甚至有必要坐在车外，紧挨着打开的驾驶舱门，以便给驾驶员指示方向。为了相互通信，车长应使用带遮光装置的手电筒。

每次停顿时，要立即查明停车是上级命令还是仅由前车故障造成的。在所有的岔路口，都必须设置路标。战时曾用过小三角旗或三角牌，上面安上不停闪烁的灯泡，三角顶端指示岔路方向。可被推至新方向的固定灯泡的指示牌，也非常有用。

夜间驶入集结区特别困难。首先要迅速腾出道路。紧急情况下需要变换集结区时，很可能变换得不及时。

尽量避免夜间休息，因为这样装甲兵很容易睡着，而且很难再被唤醒。不过实战证明，事先规定的 10 分钟的短停还是可行的。

5. 行军纵队

第二次世界大战期间，行军通常是以混合编队进行的。鉴于游击队或敌伞兵甚至会出现在坚固防线的后方，这种编组方式通常是很适宜的。配属其他兵种是为了确保随时做好战斗准备。

行军纵队的编成不仅由战术考虑决定，也由地形或道路状况决定。例如，在天气恶劣时，由于没有足够的越野能力，不得不大规模混合使用履带式和轮式车辆。只有这样才能满足对支援兵种和保障物资的最迫切需求。装甲部队必须始终编有补给车辆。速度较慢的坦克不得不等待轮式车辆，而且常常要牵引轮式车辆前进，行军速度就是这样受到限制的。

6. 行军纪律

严格的行军纪律是顺利完成行军任务的一个不可缺少的前提。遇到任何困难，全体官兵都有责任立即协助，并亲自着手解决。任何在路上发生故障的坦克，必须尽量让出行军道路。在车长炮塔内无人值守时，任何坦克都不允许开动，因为当坦克送修或返回部队时，经常需要挥手示意其他车辆通过。只有在预定的驻止时间内，才允许超越行军纵队。只有指挥车和救护车辆能获得超车的特别许可。战地的一切交通管制命令都必须服从。

7. 坦克的铁路运输

对于超过 150 千米的行军，为节省物资和油料，应将坦克装车运输。如果火车站有车头装卸台（Kopframpe），只要指令正确，装车就很容易，因为坦克可以很容易地从车头开到平板车上。如果是侧面装卸台（Seitenrampe），坦克与平板车之间的角度不应过大，而必须利用整个平板车的长度上车。装车后的坦克必须拉好手刹，挂上一挡，同时关好舱门，炮塔朝向 12 点钟方向并固定好。木块可以防止车辆摇晃。携带一些卸车用的简便器材极为必要，因为有时车站会遭空袭破坏或者卸车区已被敌人占领，此时必须将坦克从平板车上直接卸到地面上。

因此，也有必要使货运平板车上的坦克随时都有一部分保持战备状态。为抵御敌机的低空袭击，每一列运输车都应装备几门轻型高炮。在调度运输时，必须考虑到列车经常因空袭危险而改道，进而使一支部队的各分队分在几处。因此，每个分队都要配有最重要的补给车辆和修理连分队，以便在紧急情况下做好战斗准备。这样，各分队即使离开上级部队也可以独立进行战斗。在冬季，必须特别注意携带火炮加温炉、炉膛、取暖材料和防火器材等。

8. 通信联络

只有行军纵队的各单位能保持联系时，指挥官才有可能掌控自己的行军纵队。有时，由于情况变化，预定的行军目标会发生 180 度的大转弯，因此各分队必须随时处于无线电待命状态。然而，出于战术原因而保持的无线电静默，只有在第一次接敌时才能由行军纵队指挥官下令解除。此外，摩托车传令兵和位于行军纵队前后的通信员负责通报情况和传达命令。

只有在经历多次失败后，部队才学会克服摩托化行军中的各种困难。当行军部队编制和装备各异时，很多问题很难解决，因为所有措施不仅要考虑到地面和空中情况、地形和光照条件，而且要首先考虑到车辆状况。

在摩托化时代，战时行军是一个极其重要的指挥问题。行军的实施方式对接下来的战斗有着很大的影响。

十一、进攻和追击

一切战争的灵魂是通过进攻摧毁敌人。

——施利芬伯爵 [1]

追击是战争中继取胜之后最重要的事情。

——克劳塞维茨 [2]

进攻是坦克的基本特点。进攻完全符合坦克作为一种空间争夺型（raumgreifend）武器的特质。只有前进才能发挥出坦克的全部性能。进攻的目的是坚决歼灭敌人。因此，装甲部队的进攻任务和目标必须是粉碎敌人的作战计划，同时尽可能切断其补给线。进攻楔入敌军阵地越深，损失相对战果而言就越小。下面只强调进攻的基本原则，因为在本书几乎各个章节中都以某种形式谈及了进攻问题。

第二次世界大战表明，由于武器杀伤效果的提高，仅仅通过集中力量和出其不意就能取得重大胜利。诚然，发动机也有助于守方，使其可以更迅速地做好防御准备，但攻方总是占有很大的优势，因为行动规律对攻方有利。攻方可以决定何时何地出击。指挥军队的高超艺术在于，为出击寻找合适的地点，运用尽量强大的力量，并尽量长时间地保持进攻势头。但是，通常很难将这些原则付诸实践，特别是在敌人普遍占优的时期。

装甲兵的进攻也分两种类型：行进间进攻和集结进攻。

老毛奇提出过一种看法：骑兵在战斗中发挥作用是以迅速为基础的，而且首先是认识和理解战况的迅速，然后是决策的迅速，最后是执行的迅速。这些原则也特别适用于装甲兵。在任何战况下，迅捷的反应、迅速下定的决心和简洁的命令决定了装甲兵的威力。

行进间进攻最符合坦克的特质。任何武器都无法如此迅速地做好战斗准备。在敌人较弱或可以出其不意的情况下，行进间进攻总是适宜的。"较弱"并不总是

---

① 阿尔弗雷德·冯·施利芬伯爵（Alfred Graf von Schlieffen, 1333—1913），普鲁士陆军元帅，总参谋长，因论述两线作战的战役计划（坎尼会战研究，Studie über Cannae）和拟制出征西欧的作战计划（施利芬计划，Schlieffen Plan）而闻名遐迩。——译者注

② 卡尔·冯·克劳塞维茨（Karl von Clausewitz, 1780—1831），普鲁士将军，军事哲学家，撰写了享誉世界的《战争论》。——译者注

意味着战斗力低下，也可能是指更强大的敌人并没有做好防御准备，或者处于无法发挥自身力量的地形中。第二次世界大战中有许多这样的情况。接受过快速行动训练的德军装甲兵只要有可能，就会利用这种不利于敌的条件。即便在情况不明时，如战争中经常发生的那样，装甲兵也会主动出击，迅速稳固局势。这是使情况明朗的最快方式。

当预计到敌人的防御稳固强大时，或者由于其他原因不可能迅速开始进攻时，

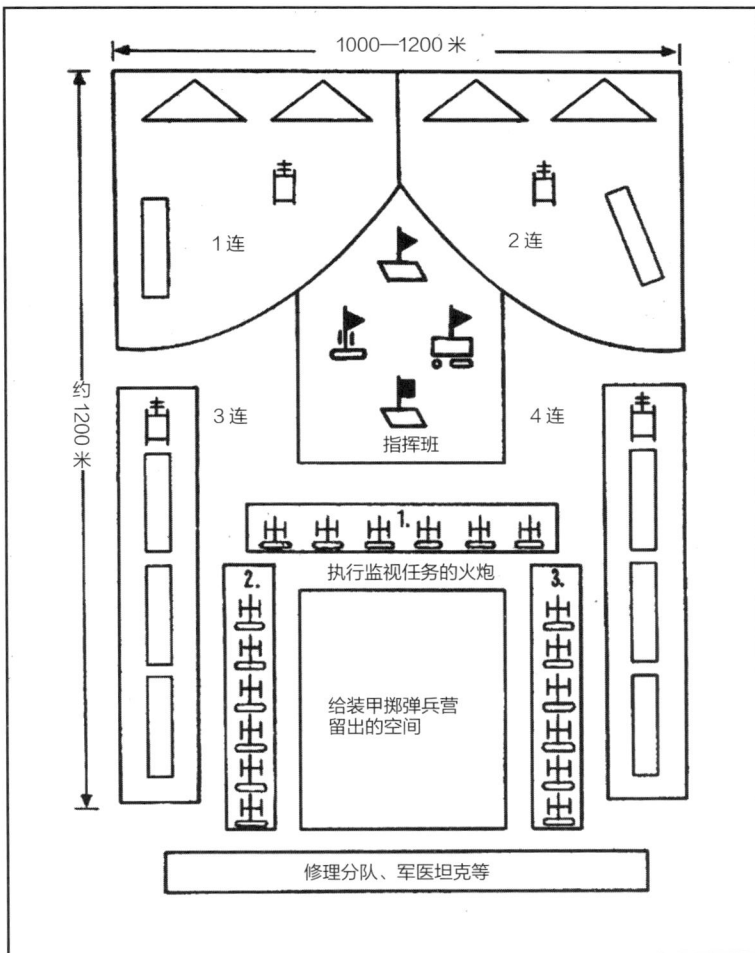

一个装甲战斗群的进攻队形

集结进攻是必要的。集结的目的是更好地准备进攻，最重要的是能够制订出尽可能精确的作战和火力计划。支援步兵进攻、夜袭和反击，一般都要预先集结。

在集结区必须做好以下准备工作：

1. 向各级指挥官介绍战况、任务和作战计划，以及地形情况；

2. 检查武器、装备和车辆，做好战斗准备；

3. 指示进攻方向，必要时指示战斗队形；

4. 发放给养，至少要发咖啡或茶，在沙漠还特别要供水。

集结区与敌人之间的距离取决于伪装条件和敌人的火力。关键在于利用好出其不意的因素，否则集结区最好离敌人更远一些，并在进攻开始前短时间停留，以准备行进。

在苏联的大部分地区，地形条件很少允许部队以既定战斗队形长时间行进。因此，必须晚些时候确定战斗队形，可能会在发起冲击前的最后一个掩蔽地确定。在外国军队中，通常会非常有条理地区分战前、战中和战后的不同类型的集结，然而每一种方法都容易导致在没有必要区分的情况下也要区分。德军装甲兵没有这么多规定，只知道"集结"这个说法。集结有时较短、较粗略，有时较长、较彻底。除此之外，由集结区出发后的战斗与行进间进攻的唯一区别是，其他兵种的支援是按计划准备的，因而通常更见成效。

一支装甲部队准备进攻时，通常会下达一道全体命令，规定了集结工作和预定的进攻方法。在出发前，通常只需再下达一份简要命令，其中包括最新敌情、进攻开始时间和可能发生的变动。

集结命令和进攻命令

一般包括以下几项：

1. 敌情

除了关于敌人兵力的情报之外，判定敌人的可能企图和作战地域的地形也很重要。尤其重要的是已查明的反坦克防御情报及敌方坦克活动情报。

2. 上级部队的任务或情况

在这一项内还要指明前线的走向、警戒阵地的位置、是否已派出前线侦察部队以及友邻部队的任务。

3. 任务或意图

首先要指出进攻目标。

4. 配属的分队

列出所有新配属进攻的支援兵种分队，说明他们何时到达何地。

5. 集结

此项明确规定各分队的集结时间和地点，进入集结区的顺序，以及集结期间应完成的特定任务（侦察任务等）。

6. 进攻方法

这是命令中最重要的一项，要规定进攻过程中的推进方式，及实现进攻目标后的行动。具体包括：

（1）部队的战斗队形；

（2）配属兵种（装甲掷弹兵、炮兵、工兵等）的作战任务；

（3）参与进攻的步兵（与坦克协同）的行动；

（4）进攻方向，最好能指定基准线；

（5）行军停顿（当集结区距敌较远时）；

（6）中间目标，特别是在与步兵协同时必须指定；

（7）进攻出发时间（如在集结前就已可以确定的话）。

7. 非配属兵种的支援

师级或军级炮兵、火箭炮兵和强击航空兵等。

8. 后勤保障

此项应说明实施进攻时所需的一切后勤保障措施：

（1）哪些补给车辆会进入集结区；

（2）最后一次加油和发放给养的时间和地点；

（3）修理连的行动，及抢修排牵引车的分配情况；

（4）哪些保障分队留在后方，待进攻发起后再前进；

（5）部队医务保障，救护车及医疗救护站的分配情况；

（6）战俘收容所的位置。

9. 通信联络

包括标定线或目标点信息（最好包括联络线的信息），无线电待命的开始时间，分队之间无线电台的分配情况。

10. 指挥分队的位置

在集结期间和进攻过程中指挥分队的位置，哪些部队配属指挥分队，指挥部的位置。

坦克进攻的实施

坦克进攻的方式取决于坦克的数量和战斗力，以及各配属兵种的战斗力。进攻的任务和目标也要根据这些情况来确定。如果拥有大量的坦克，进攻目标的范围可以设置得很宽。坦克进攻会由于敌方火力和自身技术故障而不断丧失冲击力，因而坦克的先头梯队必须得到后续分队的补充，以便在进攻区域的纵深粉碎任何抵抗；否则，进攻就会陷入困境。

同时，对于坦克进攻来说，最重要的前提条件是通过相互支援来压制敌人各兵种。为确保这一前提，必须对坦克本身的火力进行严格控制，并且要合理分配其他兵种分队。坦克必须及时利用自身火力，以及炮兵和航空兵的火力。坦克进攻纵深越深，正面越宽，其冲击力就越强，就越能保障侧翼安全。因此，如果地形迫使一支装甲部队暂时收拢队形，该部队就必须设法尽快恢复原来的正面宽度。

装甲发动机也使部队能够将已投入作战的分队从战斗中撤出，以便根据情况在其他地方使用。在某种意义上，可以"在作战中，利用作战"建立预备队。这些预备队将用于易于取胜的地点，即敌人已经暴露弱点的地点（薄弱地段），以及因此看来最易于突破的地点。装甲发动机的另外一个巨大优点是，它可以在进攻中改变方向。这两个优点都使坦克能灵活地实施进攻。

战争期间，无论是外国还是德国的装甲兵都拥有轻型、中型和重型坦克。任何在进攻中正确运用这些坦克，各方观点是不同的。苏军通常先用重型坦克进攻，以便用它强大的冲击力粉碎敌人的初步抵抗，随后再以快速的轻型坦克进行追击。西方的敌人则在中型坦克火力的掩护下，先用轻型坦克吸引敌人火力，在形势明朗后再使用重型坦克。

德军装甲兵主要用重型坦克在大规模进攻中支援步兵或装甲部队。中型和轻型坦克通常用于执行其他各类任务，而轻型坦克主要用于侦察和警戒。如果同时拥有重型和中型坦克，通常把它们混合编组投入战斗，因为这样相互支援的效果最佳。

然而，一成不变地使用坦克是不允许的。例如，敌人兵力雄厚，并且做好了防御准备，那么重型坦克正好适合突破敌人的主要防御地带，其他坦克则执行辅助任务。如果重型坦克不需要它们的援助，最好把它们编入第二梯队，完成首先需要机动性和较大行程的任务。而在遭遇战和追击中，最好先将轻型坦克投入战斗，以便能迅速推进并进行更具机动性的作战。在必须粉碎敌人的猛烈抵抗时，跟随在后边的重型坦克则用于形成重点。

追击

坦克进攻如不转入追击，就没有达到目的。只有追击才能巩固在之前的战斗，通常是极为激烈的战斗中取得的战果。因此，只要油料够用，坦克指挥官就必须力争使所有还有战斗力的车辆继续进攻。为此，事先处理好各类保障问题尤为重要。

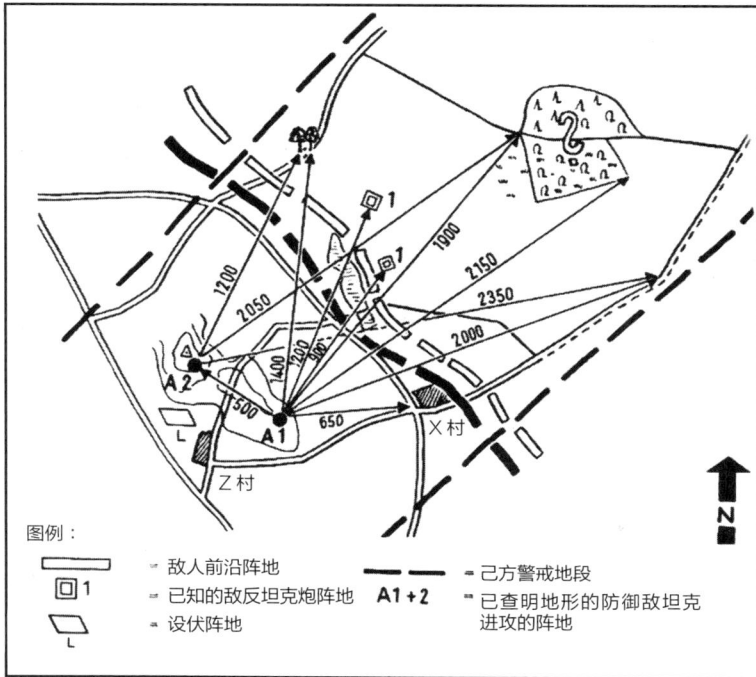

装甲排防御间距示意图

坦克非常适于追击，因为它能够极为迅速地粉碎或绕过新出现的抵抗之敌。如果直到黄昏才有可能胜利，那么就该立刻利用夜间实施追击。这时，人的意志力必须与发动机的不知疲倦相匹配。

德军的坦克乘员坚持到了人力所能达到的极限。他们懂得，只有这样才能使接踵而来的战斗轻松些，甚至会免去后续的战斗。其车长的行动准则是：把一切都抛在脑后！但是要使他们相信，援军和补给品的供应是有保障的。在苏联的复杂地形条件下，一开始通常只能实施正面追击。德军利用缺口和在关键地点集中兵力，包抄敌人，以切断其退路。其中的危机也是不可避免的。追击部队不知多少次被暂时包围，或在占领重要桥梁、隘路和高地时陷入困境！不知多少次只能靠空投为追击部队运送补给！

在编成追击部队时，关键在于舍弃所有不必要的部队或战斗力不够强的部队，尤为重要的是尽量多携带油料。追击需要勇往直前、常备不懈和不间断的侦察。每赢得一刻钟的时间都很珍贵，都可能对胜利产生决定性的影响。

只有追击才能获得全胜！

十二、防御和退却

总是让敌人发动对他不利的进攻，并在此过程中冷静地放弃一些地区。在适当的时候进行反击，会夺回所有已经送出的优势。

——瓦滕堡伯爵 [1]

防御的目的是使敌人的进攻失败。只有能赢得时间或节省兵力，以便而后（或在其他地方）转入进攻，防御才有意义。

在前期的运动战之后，第一次世界大战在快要结束时陷入了死板的防御战，陷入了对已占领阵地不惜一切代价的坚守之中。而当时还不具备打破这种僵局的军事手段和力量。

第二次世界大战也是以猛烈的攻势开始的。这一次，在发动机的帮助下，德军取得了决定性的胜利。只是在多线作战中，德军由于目标定得太远而失败。但这一次很少进行死板的防御。交战双方都一次又一次地利用集中投入坦克的冲击力突破了防线，然后又转入全线的运动战。战区的范围实在太大，无法建立起一条防线来持续应对不断增长的进攻兵力。德军的防御阵地通常只由一些薄弱的抵抗区组成，重武器数量极少，往往只有若干对中间地带掌控不足的据点。由于没有足够数量的机动预备队，为完成纯防御性的任务，常常要动用装甲师，但装甲师不是为防御而组建的，并不适合执行这一任务。

后来，坦克逐渐成为防御的坚强后盾。只要前线哪里"着火"，坦克就赶去"灭火"。这就形成了一种常规的"灭火战术"（Feuerwehrtaktik），其作战方式是进行有限目标的进攻。德军不断地在坦克帮助下恢复防线态势，击退突入的敌军，或当敌军已突破防线时，将其分割歼灭。在战争的最后两年，年轻的装甲兵几乎没有经历过其他事情。他们再也无法体会到兵力占优的兴奋感和持续向前的紧迫感。一位久经战火考验的年轻装甲兵军官在 1944 年 7 月的一封信中，恰当地表达了前线部队的感受："从去年开始，我们在东线一直无法摆脱压迫。我们有时感觉，似乎退却才是战争的基本形式。"

---

① 路德维希·约克·冯·瓦滕堡伯爵（Ludwig Graf Yorck von Wartenburg, 1759—1830），德意志民族解放战争时期普军将领，通过签署《陶罗根协议》（*Konvention von Tauroggen*）开启了德国对拿破仑法国的反抗。——译者注

当然，坦克大多能恢复当地的态势。但它们在这个过程中损耗过大，没有能力再去执行最符合其特性的任务。战争的最后几年，德军再想由防御转入进攻去取得胜利，已经力不从心了。

防御

防御适用的原则是，主战场必须控制在自己手中，一旦失去则必须夺回。为了清除突入防区的部队，要区分反击（Gegenstoß）与反攻（Gegenangriff）。

当进攻方到达预定战线时，就立即开始反击。反击的目的是不等敌人在己方主战场站稳脚跟就将其击退。反击的速度越快，就越有希望取胜。如果能及时查明或预估敌人进攻的特定地段，反击就特别有可能奏效。

反攻就像任何其他进攻一样，只有经过周密准备才会发生，目的是有计划地击退敌人。只有在敌人受阻以后，才能确定反攻的开始时间和方向。

实施反击和反攻时，要把坦克集中用在敌人突破的地段。但是这样的地段往往不适于坦克作战。预防总比治病容易，因此，最好把进攻之敌消灭在集结区。不过，实施这样的突击会遇到特殊的困难，特别是占领的阵地常常会被放弃。因此，己方要有雄厚的兵力，而且要有足够的炮火支援。

在防御时，配属给步兵兵团的装甲部队指挥官也必须经常与上级指挥部保持联络，并提出符合兵种特性的作战建议。尤其重要的是，在紧急情况下，坦克指挥官身边要有一个炮兵联络指挥所，以便确保与炮兵保持密切协同。装甲部队兵力越弱小，越需要其他兵种的支援。装甲兵总监上任后，曾下令不得将兵力少于一个连的坦克配属给步兵师。但是，即便是这道命令在危急时也往往行不通。

地形条件越差，机动坦克预备队越是要靠前部署，以便以快速反击尽早阻止敌人突入。一旦敌人，特别是苏军，在突破地域站稳脚跟，再想击退他们便十分困难。敌人会迅速建立起一道反坦克防线。这时就需要进行周密的准备，与其他兵种密切协同，收复失掉的主战线。在宽阔地段和开阔地形上，考虑到敌人会对几个地段同时发动进攻，有必要在部署坦克时使它能在各个方向上投入战斗。在最危险的方向上，可靠前派出一部分坦克，以便为主力投入战斗争取时间。如果这样做能防止敌人夺占该地段的重要制高点，那么这样做便尤为重要，否则夺回这些制高点要付出很大代价。因此，所有坦克行动的可能方案，都要事先加以详尽探讨，同时要专门让所有坦克乘员知道己方反坦克炮和雷区的位置。还应该注意，苏军喜欢向各师、团的接合部进攻，因为他们认为，这些地方由于指挥权划分而易于突破并顺利推进。

在敌人实施大规模进攻时，坦克经常面临着无法解决的任务。因为敌人实施进攻时，其坦克、炮兵和航空兵都占据极大优势。我们要立即进行反击，对抗敌人的全部力量。反击部队很快就会遭到猛烈的火力压制，尤其是正在掩蔽但大多未挖好掩体的步兵会遭受重大损失。因此，一开始只阻止敌人扩大突破口，等弄清敌人弱点后再实施有计划的反攻，才能取得较好的战果。

机动防御

像非洲那样的开阔地形，为机动防御提供了更有利的作战条件。这种地形适于集中兵力和巧妙利用敌人的暂时弱点，提供了很多实施积极行动的条件。不过，实施这种牵制作战的一个先决条件是拥有实施机动的足够空间。防御部队在机动性和指挥能力方面应优于进攻之敌。这也正是德军装甲兵的优势之一，因为从迅速定下决心到单个坦克乘员的独立行动一直是军事训练的重点。这是骑兵传给装甲兵的"突袭战术"（Anfalltaktik）。其目的是剥夺敌人的优势，将其分割并歼其一部。

退却

任何退却都会给部队带来沉重的压力，尤其是退却不能及时开始，而且还在承受敌人袭扰时。虽然装甲兵具有机动性，能够迅速摆脱敌人，因而其退却与其他传统兵种的退却不一样，但如果不及时采取准备措施，装甲兵的退却也会遇到相当大的困难。

对装甲兵来说，最困难的问题是转运和抢修受损坦克。绝不能让特别宝贵的坦克落入敌手。因此，装甲部队必须是最先知悉撤退意图的部队，以使其能够采取各类准备措施，如勘察道路、运来抢修车辆和完成修理等。否则，由于没有抢修工具或来不及抢修，即便损伤不大的坦克也会不必要地损失掉。

如有可能，坚守防线，直到把所有损坏坦克抢修完毕为止。事先勘察退却路线，确定新的集结地域，并做好交通管制，就可以保证退却的顺利进行。白天要利用掩蔽地形或烟幕，以交互跃进的方式退却。任何退却都要有后卫部队掩护。在第二次世界大战中，反坦克武器通常不足以阻止追击的装甲部队，因此后卫部队不可避免地要动用已方的坦克。自行火炮、工兵和装甲侦察队是坦克不可缺少的帮手。坦克歼击车与坦克的协同也得到了实战检验，而且将二者统一指挥也很合适。坦克指挥官是最后与敌接触的人员。

防御和退却对于习惯快速进攻的装甲兵来说是难以忍受的。当战况好转，能够重新集结部队发起进攻时，装甲兵才会松一口气。

十三、坦克战

在考察了地形和局势后，大胆的决定通常是最好的决定。

——莱因哈特 [1]

在第二次世界大战中，敌方坦克作为最具机动性的反坦克武器，也是己方坦克最危险的陆战对手。因此，有必要暂时中断实际任务，先消灭出现在进攻区的敌军坦克。对于出现在进攻区以外的坦克，只要它们不危及己方进攻，便只需采取专门的安全保障措施即可，例如用反坦克武器掩护或以炮兵监视。无论如何，装甲部队都不能因此从其进攻目标上分心。

具体说来，在第二次世界大战的各个阶段，坦克战的条件差异极大。在法国战役中，敌人的坦克火力更强，但机动性较差，尤其是指挥不够灵活。在东线战场，很长一段时间内，苏军坦克都是断断续续地投入战斗，而且无线电设备也不完善。但仅仅几个月后，德军就遭遇了 T-34 坦克，它在装甲、武器和越野能力方面都远远超过了德军坦克。最初，只有 88 毫米高炮和 100 毫米野战炮（在某些情况下）能够对付它。直到采用空心装药破甲弹后，四号坦克火炮的有效射程才扩大到约 800 米。在战争的最后几年，"豹"式和"虎"式坦克威力巨大的火炮总体上优于敌人所有型号的坦克，只是在越野能力和装甲厚度方面略有逊色。然而，坦克数量上的变化对德军非常不利。到战争最后阶段，德军与敌方的坦克数量比约为 1 ∶ 10。

总的来说，坦克战类似于战舰之间的战斗。较强的战舰直接参加战斗，较弱的舰艇则退后担负警戒任务，或试图以某种方式使占优势的敌舰进入有效射程之内。坦克战的方式主要取决于敌方坦克的特性、行动特点和地形条件。在坦克战中必须考虑以下几方面的问题：

1. 提高射速

要么改进装弹机（采用半自动方式），要么提高瞄准速度（加强训练，培养出能快速瞄准的炮手）。这样可以抵消相对敌方的数量劣势。

---

[1] 格奥尔格-汉斯·莱因哈特（Georg-Hans Reinhardt，1887—1963），德国国防军大将，"二战"末期任中央集团军群司令。——译者注

2. 提高火炮和弹药的战斗性能

要么提高射程，要么提高穿甲能力。这使坦克能够先敌开火，从而占据优势。

3. 提高机动性

要么提高越野能力，要么增大行程。做到这一点，坦克就能更快地抵达重要位置，并且即便在难以通行的地形上也能实施迂回。

4. 减小外形尺寸

要么研制外形低矮的坦克，要么放弃炮塔。这样坦克就更难被击中，可以更好地利用掩体（如德国的突击炮）。

5. 加强装甲防护

要么提高装甲板的厚度和倾斜度，要么提高钢材质量。这可使坦克承受更多风险，更近地接敌。

此外，与敌坦克作战时的行动还取决于：

敌人是否在进攻，己方是否要予以阻击；

己方是否在进攻，而敌方是否要予以阻击；

是否双方在进攻，从而发生了遭遇战。

下面是几种可能发生的情况：

1. 敌方坦克射程较远或装甲较厚

（1）敌人进攻

要尽量在能够实施牵制作战和能够隐蔽变换阵地的地形上迎击敌人。只有敌人在不利条件下行动（例如不利的地形），以至于难以发挥其优势特性时，才可以实施反攻。

（2）我方进攻

尽可能利用起伏地形和掩蔽地形接敌，以便进到有效射程之内。如果期间必须通过一段开阔地，则需要施放烟幕。也可以利用黑暗或大雾来绕过敌人，或者首先切断敌人与后方的交通线，以此削弱并随后歼灭敌人。

2. 敌方坦克战斗力与我方相近，但数量占优势

（1）敌人进攻

选择有利位置，先让敌人进攻。如发现敌人企图迂回，己方部队通常必须撤退，

直到防线侧翼的安全得到保障。这期间的侦察尤为重要。只有在敌人兵力分散或暴露出其他弱点时，己方才实施反攻。

（2）我方进攻

首先要停下来，在正面伪装的同时，勘察一个更有利的新进攻方向，以便集中兵力在这一方向上顺利进攻敌人。

3. 坦克之间的夜战（没有夜视器材）

（1）敌人进攻

如能及时弄清敌人坦克的行进方向，就可以将我方坦克设置为反坦克封锁线。如果敌坦克从公路上驶来，则可以设置侧翼阵地。首先根据无线电口令或信号照亮敌人，然后一齐开火。无论如何，我方坦克应尽量成一线配置，并且在弄清敌情后再有序投入作战，否则它们会互相开火。

（2）我方进攻

一旦发现敌坦克，并且预计会有一条宽阔的防御阵地时，己方坦克必须撤退，以便更换突击地点，或先让近战部队在敌防线上打开一个缺口。如在行军中突然与敌坦克遭遇，通常最好的办法是不顾一切地快速推进，期间开灯照射敌坦克，并在行进间猛烈开火。为使坦克在战斗后集结，必须事先规定专门的识别标记。

4. 坦克之间的遭遇战

如果突然与敌坦克遭遇，一定要不待命令立即开火。谁先射击并命中，谁就多半能赢得胜利。不要在原地不动！一定要利用好反应时间！只有在敌人陷入混乱并停下来以后，才能寻找就近掩护，必要时还可对自身施放烟幕。然后要立即进行侦察，考虑继续进攻的最佳方案，随后再行动！

一般经验

1. 利用地面侦察和空中侦察及早获取敌情，是取得作战胜利的最好保证（争取时间）。

2. 始终以坦克强大的前装甲朝向敌人。将坦克转到 11 点或 1 点方向，敌人炮弹的威力就会大幅降低。将预备履带板装在坦克前部，可以额外提高防护力。

3. 只有为了提升己方坦克火力的效果或躲避敌方坦克火力，才能在战斗中改变方向。具有良好边缘位置和能够掩护己方迂回敌人的起伏地形，特别适合坦克改变方向。

4. 实施包围的一方也可能被对方包围。因此，对侧翼的侦察十分重要。

5. 如包围成功，并且包抄的分队正在进攻，那么正面冲击的分队也必须进行牵制进攻或至少实施佯攻，以防止敌人朝着实施包围的侧翼变换阵地。

6. 利用其他兵种可以基本抵消敌人的优势。炮兵参与交火的方式通常是对坦克实施迷盲射击或消灭跟随坦克的步兵。装甲工兵可以通过埋设地雷迅速确保暴露的侧翼的安全。装甲掷弹兵使用反坦克炮参与战斗，并侦察侧翼。

7. 当敌坦克逃脱时，必须首先通过侦察确定其行踪。在追击时需要谨慎行事，以免落入圈套。

8. 对突入防御的坦克要予以追歼。当敌人兵力占优时，关键在于切断敌人与后方的联系，然后再予以歼灭。

最后必须指出，在坦克战中，乘员的士气和作战经验要远比面对其他敌人时更具有决定性。下面这句话也适用于坦克战：

乘胜追击！但要小心翼翼！

十四、坦克的敌人

为了能够有效地反制坦克，反坦克防御的速度首先必须比坦克快。

——托马勒 [1]

本节概要叙述了装甲兵的敌人，也就是反坦克防御问题。对上次大战中的德军反坦克兵来说，这勾起了他们痛苦的回忆。

早在第一次世界大战快结束时，坦克就成为步兵最危险的对手。在第二次世界大战中，作为陆军骨干的步兵也不得不一次又一次地抵御这一致命威胁。诚然，在这两次大战中，推进中的单辆坦克和进攻速度过慢的坦克群屡屡被歼。但第二次世界大战中，面对突然发起进攻和快速行动的强大坦克兵团，各种反坦克防御措施都无能为力，尤其是这些坦克还得到了航空兵的支援。防御方只有在拥有充足的时间、充足的武器，并准确掌握了敌人意图（例如苏军在库尔斯克粉碎德军的"堡垒"行动时就是如此），从而建立起一条特别坚固的纵深配置的防线后，才能挫败大规模的坦克进攻。

回顾上次大战，必须承认，德军很长一段时间里没有充分重视反坦克防御问题。在两次大战之间，德军高估了防御武器与坦克攻击力相比的威力，这无疑是个大错误。战争也留下了其他的一些经验。因此，与坦克的斗争成为第二次世界大战中最突出的问题。许多问题仍未得到解决，首先是前线步兵的反坦克防御问题。如果反坦克防御处于纵深，而把前线步兵暴露于敌坦克火力之下，那么这种防御对步兵来说毫无用处。这种防御对炮兵也没有任何用处，因为即便炮兵阻滞了敌人的步兵进攻，也会突然发现自己在敌坦克面前几乎没有还手之力。不过，如果坦克消灭了步兵和炮兵，但随后又陷入占据优势的反坦克防御火力之中，这对坦克也是极为不利的。

德军装甲兵及时且详尽地研究了这些反坦克防御问题。得出的结论是，只有出其不意、集中所有力量和指挥灵活，装甲兵才能确保己方优势。德军装甲兵在和平时期就已经认识到，自己最危险的陆战对手正是敌人的坦克。因此，一项原

---

[1]　沃尔夫冈·托马勒（Wolfgang Thomale，1900—1978），德国国防军中将，"二战"中长期担任装甲兵总监古德里安大将的办公室主任。——译者注

则是，一旦敌坦克出现，就要立刻中止其他的战斗。必须首先消灭敌坦克，然后才能重获行动自由，继续朝原进攻目标进发。

在其他反坦克武器中，除反坦克炮以外，起初只有地雷被认为是最危险的。然而，地雷的作用比最初预料的要小。尽管雷区也是坦克的重大障碍，只能绕过或就地清除，但是布设地雷需要大量的时间和器材。这种防御武器的一个重大缺点是，它不仅危及敌人，也会危及己方部队。

反坦克壕和水泥墩、路障等其他障碍物在实战中的作用非常小。如果这些障碍就布设在防线前沿，很容易用炮兵打开突破口，况且火炮的口径和威力还在不断增加。如果这些障碍物布设在防线后方，并且有火力掩护的话，那么它们也只能迟滞进攻；如果没有火力掩护，它们大多没什么用处。

拖曳式反坦克炮虽然直到最后仍是坦克的可怕对手，但也令人失望。起初，反坦克炮威力很小，特别是德军的37毫米反坦克炮，它得到了"陆军敲门装置"（Heeresanklopfgerät）的绰号。随着口径增加，反坦克炮又变得太笨重，因此丧失了机动性。德军反坦克炮口径从50毫米增加到75毫米和120毫米，苏军反坦克炮口径则从47毫米增至76毫米，后来又达到122毫米。反坦克炮弹最初穿透力极低，随着火炮口径增大和空心装药破甲弹的研发，其穿透力得到提高。然而，空心装药破甲弹发射时的初速较低，这影响了它的精度。

在和平时期，几乎各国军队都已经在步兵团中编有反坦克连。此外，师或统帅部直属部队都编有独立的反坦克营，以便集中使用。但是，反坦克兵即便摩托化后机动性有所提高，也不能真正阻止坦克的取胜进程。因为坦克是一种进攻性武器，能够掌握自身行动的主动权，选择对自己有利的地形，实施出其不意的突袭。反坦克防御只能被动守候。只有在坦克进攻已经开始后，反坦克防御才能跟着发挥作用。只有在进攻地段集中了足够数量的反坦克武器，而坦克又不能迂回的情况下，或者坦克进攻速度很慢，防御方能不断调来反坦克炮时，反坦克防御才会有效。然而，大多数反坦克炮起初都是用轮式车辆牵引的，因此不具备足够的越野能力，通常无法及时抗击坦克。

所有这些情况都使得反坦克防御的部署及指挥变得极为困难。反坦克炮的炮手就像设伏的猎人一样，不得不等上几个小时甚至几天，直到坦克向他们开来——而且通常极为意外，数量上也占据优势。在战线拉长时，即便敌方拥有的反坦克武器比德军多得多，也无法在坦克可能进攻的所有防线地段都投入足够数量的反坦克炮。当然，反坦克兵也力图以各种战术技巧智取和歼灭敌人，例如用反坦克炮设伏、设置反坦克炮封锁线或以火力欺骗（Feuersäcken）引诱坦克前来，然后从四面八方射击敌坦克。苏军在这方面是令人生畏的高手。虽然这些办法常常可以取得局部胜利，使敌坦克遭受重大损失，但无法取得超出这一层级的胜利。

因此，在战争过程中，双方都在寻求新的方法来阻止坦克撕裂防线。

步兵的反坦克防御是最迫切需要解决的问题。虽然可以用空心装药磁性地雷（Hafthohlladungen）、盘式反坦克地雷以及汽油罐等辅助武器取得一些胜利，但这会招来坦克的袭击。而坦克可以通过相互火力支援和携带随行步兵进行自我保护。坦克也以同样的方式来抵御各种近战反坦克武器，如反坦克枪、"铁拳"（Panzerfaust）、"坦克杀手"（Panzerschreck）和相应的外国近战武器（如"巴祖卡"）。尽管当时的近战反坦克武器射程很短，但战争期间仍授出了1万枚近战反坦克勋章。这些胜利大多是在对付停滞不前的单辆坦克，或是在掩蔽地形中对付与步兵分离的坦克时取得的。

在和平时期，炮兵已经拥有了像穿甲弹这样有效的反坦克武器，后来又有了空心装药炮弹，能在约800米的距离上击穿任何坦克的装甲。为击退坦克的进攻，炮兵还试图从每个连抽出一门炮配置在暴露的发射阵地上，以及在不利于坦克行进的地形上占据合适的发射阵地。然而，在开阔地形上，尤其在进行远距离射击时，坦克的精度比炮兵更高。而在遮蔽地形上，坦克因其灵活性而更有优势。

高射炮在反坦克斗争中发挥了突出作用。德军的88毫米高炮以及敌人的高炮，凭借精度和穿甲能力成为坦克极为可怕的敌人。但这些高炮的机动性很差，几乎没有防护，而且大多离不开阵地，加之外形尺寸大，易被发现，因此损失惨重。

除反坦克炮以外，目前列出的所有武器都只是具有相应缺陷的辅助武器。只有具备装甲防护并有高度越野能力的火炮才能对付坦克，意识到这点后，德军研制了相应的武器。由于必须迅速设计出可用的火炮，起初采取了折衷的解决方案。但从想法到付诸实施总是有很长的路要走，因此火炮先被安装在坦克的底盘上，并主要在前部配有轻薄的装甲。自行反坦克炮就这样诞生了，后来发展为"坦克歼击车"（Jagdpanzer）。它的目标是追踪、追击并摧毁敌坦克。这种武器得到了迅速的发展。由安装在一号和二号坦克底盘上的捷克制37毫米反坦克炮，发展为安装在各种坦克底盘上的 75 毫米炮——其中最好的一种是"追猎者"（Hetzer，一种安装在斯柯达 T–38 坦克底盘上的火炮），后来又发展为 88 毫米炮——"犀牛"式（Nashorn），战争快结束时又研制出了先进的"猎豹"（Jagdpanther）、"猎虎"（Jagdtiger）和"象"式（Elefant）。后三者也都采用了 128 毫米炮。

研制、生产这些不同型号的反坦克武器是为了尽快克服前线困境，并取代反坦克炮兵营原有的拖曳式火炮。尽管缺点很多，但这些反坦克武器表现很出色。然而，德国工业的生产能力不足。尤其是各种型号反坦克武器的技术保障问题，对于分散程度很高的反坦克部队的指挥官来说往往是不可能解决的。但是，这些新型反坦克武器中没有一种能够满足对坦克歼击车最重要的要求和取胜的最优前提，即速度比坦克更快，以便能赶上、超过和消灭坦克。

西方大国的陆军并不了解这种坦克歼击车。不过，他们能够不断地提高坦克的产量，因此只是改进了其他的反坦克防御武器。

除了坦克歼击车以外，还有一种反坦克武器，而它最初并非用于反坦克目的。这就是突击炮。其研发灵感来自第一次世界大战期间零星火炮支援步兵的经验。因此，这种武器起初只是作为装甲榴弹炮伴随进攻，与步兵直接协同，并消灭任何较强的抵抗力量。在法国作战时已经有 3 个突击炮连参加。到战争快结束时，德军已拥有 54 个突击炮旅、大量的独立突击炮营和一所突击炮学校。

突击炮是一种没有炮塔的坦克。这使其车体更低矮，整个车辆更轻，从而可以加强前装甲。突击炮的一个缺点是转向范围小；优点是轮廓扁平，因而平均损失比坦克小。起初它只装备了短身管的 75 毫米炮，也就是所谓的"烟头"（Stummel）。然而，由于缺乏反坦克武器，突击炮的主要任务变成了打击敌坦克，此时它也装备了 75 毫米长身管火炮。每个突击炮旅编 3 个连，每连 11 门突击炮，其中 3 门为 100 毫米或 150 毫米榴弹炮，因而能够同时打击掩蔽的目标。此外，每旅都编有一个用于直接支援步兵的装甲掷弹兵护卫连。突击炮部队的所有成员都来自炮兵志愿人员，他们表现出色。在敌坦克发起冲击时，突击炮部队是步兵师的支柱，完成了与坦克歼击车相同的任务。

苏军也装备了口径最高达 122 毫米的突击炮。这些突击炮是特别危险的对手。

最后，飞机渐渐成为对坦克威胁最大的敌人。飞机是唯一能满足较高速度条件的反坦克武器。起初，飞机只是进行侦察，提供关于坦克活动的情报，对装甲兵产生间接影响。这有时会消除十分重要的奇袭要素。然而，德国空军很快就开始用最初的小型炸弹和航空机枪来对付坦克乘员，特别是打击在坦克外面的乘员。在安装了 20 毫米炮和 37 毫米炮，最后采用火箭弹以后，飞机也开始直接与坦克作战了。特别是在西线，对地攻击机很快就成为德军坦克的最危险的敌人。重型战斗轰炸机投掷的炸弹可以炸毁整辆坦克。坦克再无可能在白天进攻了，因为高射炮被集中用于地面行动，使德军的坦克缺少空中掩护。而在东线则正相反，德军战斗机对苏军坦克而言变得极为危险。德军歼击航空兵所取得的重大胜利是众所周知的。其中涌现了诸如鲁德尔（Rudel）这样特别擅长此道的"坦克杀手"（Panzerknacker）。

　　在战争过程中，与装甲兵斗争的方式越来越残酷。利用天然地形障碍物变得愈加重要。至少坦克在某些地段到底是不能通行还是难以通行，对主战线的选择是具有决定意义的。只有这样，才能用各种反坦克武器充分加强有利于坦克行进的防御地段。但经验表明，尤其是对越野能力特别强的苏军坦克来说，坦克绝对不能通行的地形几乎是不存在的。只要经过适当的准备，几乎总可以找到或人为制造出突破口。

　　所有反坦克防御措施最后都要越来越紧密地结合起来。这就产生了反坦克计划（Panzerabwehrplan），协调各种消极防御和积极防御手段。为此，每个师都专门指定一名军官（Stopak）负责反坦克防御，这名军官通常也是该师坦克歼击车营的营长。有时装甲部队的指挥官也可能被委任此职。军和集团军也同样有一名反坦克军官，以确保在其指挥范围内统一各类反坦克防御措施。

反坦克计划

　　规定采取的详细措施如下：

　　1. 统计该防御地段上所有部队（包括后勤分队）所装备的适于反坦克防御的全部武器和器材的数量。

　　2. 勘察整个防御地段是否适合使用现有的反坦克武器和器材。首先要查明哪些地形是坦克不能通行、难以通行和易于通行的。

　　3. 与坦克、工兵、炮兵和高炮部队的指挥官密切协同，提出组织反坦克防御的建议。

4. 加强对己方防御低端的边界和与友邻的接合部（Überlappung）的警戒。

5. 按重要程度确定加固各防御阵地的紧迫程度。

6. 利用所有的通信联络和观察器材（从地面和空中观察敌人所处区域，航空照片等）组织坦克预警勤务。

7. 勘察公路网、桥梁状况和机动反坦克防御的隐蔽接近路线。

8. 勘察后方地域，以确定阻击线，同时构筑据点，以阻止敌坦克的突破。

9. 编制反坦克防御图，准确指明各种反坦克武器和器材的配置地域和射界，以及工事构筑的情况。这张要图必须不断地加以补充。通常还需要一张专门的类似坦克地图的道路和地形图。最好还要有彩色标记。这样的地图便于新来的装甲部队勘察地形，也是与其他兵种协同的依据。

反坦克武器的作战原则

1. 反坦克炮

反坦克炮应成纵深梯次配置，在预计的敌坦克进攻方向上更要这样配置。这些火炮不作单门配置，而以排为单位配置，以便它们能以火力互相支援。这些反坦克火力点（Paknester）同时也是步兵的据点，步兵既可试图以坦克歼击组来采取积极防御，也可通过地雷和散兵坑来采取消极防御。

要选择适当的地点作为发射阵地，必须使视线范围与射击的实际效果相符，也就是说，不能提前暴露反坦克炮。为不致在发射第一发炮弹后被立即发现，必须采用侧射阵地，并利用好各类天然和人工掩蔽地（如灌木丛、房屋、谷仓、反斜面和地堡等）。

如反坦克炮能突然开火，反坦克防线就可以发挥很大的作用。这就要求在拥有各种口径的火炮时，要将其进行梯次配置。

2. 野战炮和高射炮

这些都要列入反坦克防御计划。多数情况下，这些火炮的阵地是抵御敌坦克突破防线的最后机会。因此，至少要有一部分火炮能够在炮兵阵地的前缘实施直接瞄准射击。可能的话，这条防线还要以反坦克炮加强。

3. 装甲反坦克武器

坦克歼击车、突击炮和执行反坦克防御任务的坦克组成了机动预备队，根据预计的敌人突击方向，做好迅速干预的准备。这需要一个良好的预警系统。在敌人占有空中优势时，收到警报的部队通常只有在高射炮的重火力掩护下才能前进。这样的机动分队通常由师长或军长直接指挥，因为这是确保集中行动的唯一途径。

小结

在上次大战中，还没有什么灵丹妙药能够对付经周密组织和指挥的坦克进攻。交战双方都采取了各种各样的办法和辅助器材。例如，德军在战争快结束时组建了只装备近战武器的坦克歼击旅。但众多的防御措施中没有一项带来决定性的胜利。坦克主宰了战场，即便最后主宰战场的是对手的坦克。

在战争过程中，德军的反坦克兵已经逐渐发展为一种类似于装甲兵却执行对立任务的兵种。德军的坦克歼击车的行动原则与强于它们的坦克相同。二者相互援助，相互补充，但它们已无法堵上自己防线上的所有缺口了。

02

特定条件下的作战

一、泥泞和冬季条件下的作战

只有习惯于劳累和匮乏的士兵才能在几乎无路可走的泥泞地区或严冬中坚持战斗。当时坦克行动的机会严重受限，这对指挥、兵员和物资提出了最高要求。

——哈尔佩[①]

春秋季的道路泥泞期使东线的大规模机动和作战行动陷入停顿。泥浆使低洼的阵地无法使用。泥浆吞没了大部分弹片，使爆破弹的威力降低。此外，泥泞期也使部队只能沿主要交通线进行正面作战，并不得不转移防御阵地。

在上一次战争中，脱离主要道路后，即使实施小规模作战行动都要付出极大的努力。此外，这些道路不得不一次又一次地进行修复，以确保正常的交通。离开铺石路，轮式车辆通常无法行军，而这种路在东线很少见。最重要的交通线只有首先加固成束柴路以后，才能恢复一半的通行力。

因此，补给问题成了最困难的问题。它对所有战术行动都有决定性的影响。战斗群的编成、兵力、进攻方向、目标的限定、时间的确定等等，都取决于哪些补给品能够被运进来。迟缓的行进速度使油料消耗大大增加。坦克时常被迫自己解决补给问题。为此，坦克常常在车尾的桶中额外携带 200 升油料，或者用自己的牵引车充当补给车辆。在天空不太阴沉的时候，航空兵能够提供重要的补给援助。

泥泞期的每次进攻都是由完全机动化的小型突击群实施的，他们尽量乘坐不携带任何压载物的履带车。所有其他部队往往只能在道路修好或天气改变后才能跟进。他们在这期间的主要任务是维护并警戒补给路线。

像苏联这样漫长严寒的冬季，坦克作战的战术原则也随之改变。

严冬的厚雪迫使坦克根据等高线走向调整其路径，因为雪深超过 50 厘米时，坦克就会卡住。坦克的主要用途是在进攻和防御中支援步兵，而步兵在深雪中前进非常缓慢，因此战斗通常以极慢的速度进行。

东线的冬季作战主要是击退敌人的进攻或夺回被敌人占领的重要据点。德军

[①] 约瑟夫·哈尔佩（Josef Harpe，1887—1968），德国国防军大将，"二战"前曾任温斯多夫装甲兵学校校长，"二战"末期任"北乌克兰"集团军群司令。——译者注

在苏联的 4 个严冬中获得了以下经验：

1. 每次作战行动都需要周密的准备工作，作战实施时间也比其他季节长得多。

2. 考虑到缺少隐蔽的地形和大多清晰的能见度，积极和消极的防空特别重要。消极防空的措施包括把车辆和钢盔涂成白色，穿着白色迷彩服，利用夜间推进，等等。

3. 迅速救助和照顾伤员的专门措施是必不可少的。在任何情况下，伤员都不能长期暴露在寒冷中。特别重要的是，携带毛毯，准备好热饮料，在较长的行军和战斗中搭建取暖房间，并迅速把伤员送到尽可能靠近前线的救护站。

4. 为预防冻伤，可以发放暖和的鞋子、毡靴、套袜、有衬里的棉衣棉裤、皮帽或带护头衬垫的钢盔等。同样重要的是教育士兵注意观察自己脸、鼻子和耳朵的情况，同时相互关照。

5. 车辆、武器和设备需要特殊对待。坦克必须停在干草、树枝或木板上，否则履带会冻在地里。修理分队的任务更为繁重，因为履带板在低温中更容易断裂，低挡位的缓慢行驶又使发动机负荷过重。弹簧和车轴也可能断裂，因为看不到雪下冻硬地面的不平整。蓄电池耗电特别快。这是可以避免的，只要每次取下蓄电池后带进营房或用木刨花（Holzwolle）紧紧裹住就可以了。启动发动机有时需要几个小时。起初，发动机只能用明火加温，后来有了所谓冬季装置（Wintergerät），减少了发动的困难。光学仪器上会严重起雾或被积雪遮挡。自动武器因机油凝固而失灵。

6. 以爆破弹进行远距离射击需要消耗更多弹药，因为寒冷和气压的变化会对弹道产生极为不利的影响（寒冷意味着近弹）。例如，在苏联的冬天，弹药消耗量和试射所需时间是正常天气条件下的 4—6 倍。在雪层很厚的条件下，就像在泥地中一样，炮弹威力很低。而冻硬了的地面却正相反，可以大大提高弹片的杀伤威力。

7. 长途行军必须经常休息。由于补给路线往往只能开辟成单行道，因而精确的时间安排——按小时或按天计算——以及准备好错车点是必要的。在大雪纷飞的情况下，开辟一条新路要比清理旧路更合适。有时，结冰的河流就是最好的道路。越过冰面的原则见本节末尾。

8. 为能充分利用有限的白昼时间，应在拂晓前完成进攻集结。在进攻开始之前，必须对地形进行简短的勘察，因为积雪常常在一夜之间改变地形。在可能的进攻方向上，要开辟通道，以便车辆能加速前进，并加快向后方输送伤员。每次坦克在积雪中进攻时，携带用于徒步勘察的雪铲、测量尺和滑雪轮胎（Skireifen）是不可或缺的前提条件。由于履带声在冬季能传得很远，因此坦克只有在步兵即将发起进攻之前才能前进。

9. 进攻时，坦克的行动一般与突击炮的作战方式相对应。由于在进攻过程中通常不可能改变预定方向，因此从一开始就最好能从两边发动进攻，并进行充足的纵深梯次配置。在进攻时，坦克要沿高地行进，步兵则尽可能利用掩蔽地形（谷地）。由于所有机动都需要大量时间，因此规定的当日任务纵深一般都不大。如果某一目标不能完成，正确的做法是中断进攻，然后再次发动进攻。无论何时都不允许已经跑得很热的人员长时间趴着或站着不动。

10. 防御的首要问题是确保道路和居民点的安全。只有从秋季就及早准备，才会有构筑好的绵延阵地。在冻得很厚的地面上扩大阵地通常是不可能的。

作为部队生活中心的居民点的防御工作尤为重要。必须为防御枢纽提供充足的物资储备，以便在被围时也能守住阵地。每个居民点本身就构成了一个战斗单位，因此要尽可能配备一切必要的武器。有利的情况是，居民点本身有隐蔽的补给路线，且路线可以得到附近高地的火力防御。

必须不断改进居民点的环形防御的状况。低矮的屋顶用木梁加固，以抵御骚扰火力。许多苏联房屋都有一个地窖。需将其改造成地堡，以便在房屋被摧毁时提供紧急庇护所。

要特别注意警戒谷地和附近的树林，这些地方需要一直有警戒人员。还要特别注意侦察敌方坦克进攻和己方坦克反击的可能性。借助雪堆，预备队能在居民点内部隐蔽地推进。敌人攻入居民点，如未能立即进行反击，就要先将其就地分割。肃清突破口敌人的方式就是有计划地缩小包围圈。坦克要为此提供掩护，并协助消灭重武器。

11. 在退却时，及早采取一切疏散措施十分重要。漫长的夜晚有利于退却。迅速占领或加固退却路线上的居民点和十字路口也很重要。如果这些地点在敌人手中，就必须先拿下它们，因为要绕过它们几乎是不可能的。为完成这一任务，以及消灭企图绕过我方的敌滑雪或雪橇部队，需要有做好准备的坦克预备队。

总之，可以认为，即使在泥泞和冬季条件下作战，履带车辆也能保持其机动性，尽管程度有限。因此，苏军坦克在冬季条件下作战，甚至是一些大规模战役中也能取得重大胜利。在起伏地带和森林，只要经过相应的训练，滑雪部队就拥有更高的机动性。小型的单马补给雪橇也几乎到处都能通行。实战证明，苏联矮马是运送伤员和重要补给物资的必备工具。由于缺乏越野车辆和油料，某些装甲师在冬季拥有的马匹要多于车辆。

上次大战的经验表明，在泥泞和冬季条件下，各兵种的行动都需要充足的时间保障，而摩托化部队除了时间以外，还特别需要油料。

坦克越过冰面

坦克越过冰面必须采取以下措施：

1. 事先要查明冰的厚度是否能承受有关坦克的重量。例如，"豹"式坦克至少需要 75 厘米厚的透明冰层，而四号坦克只需要 50 厘米。

2. 勘察渡口时，必须着重检查两岸情况及其对坦克下岸和上岸的适宜性，因

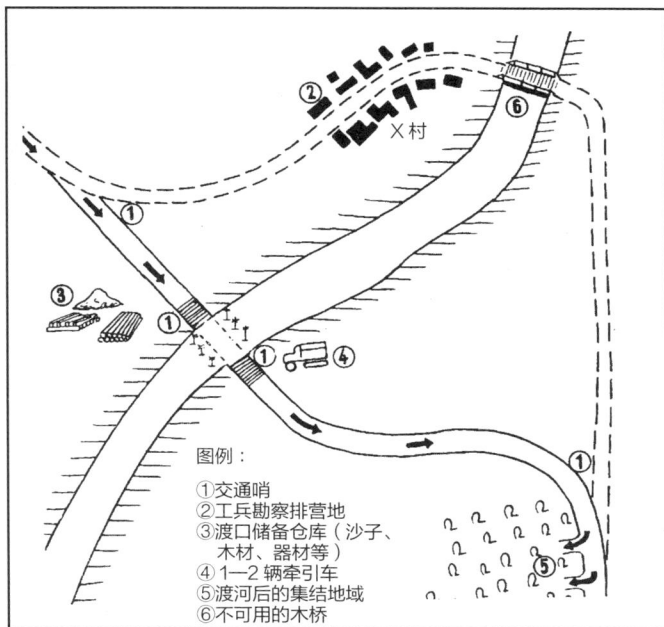

图例：
① 交通哨
② 工兵勘察排营地
③ 渡口储备仓库（沙子、木材、器材等）
④ 1—2 辆牵引车
⑤ 渡河后的集结地域
⑥ 不可用的木桥

坦克冰上渡河

为岸边总有一些脆弱地段。

3. 通常都要加固岸边和改进出入口状况。为此可使用灰烬、沙子、树枝、圆木和干草，也可使用预备的履带板。

4. 为在驶过时看清冰的状况，要清除渡口积雪，并以标杆、草捆或雪堆标示。

5. 通往渡口的道路应该尽可能与渡口垂直，要设置明显的路标，通往集结地的路标也是一样。此外，在渡口处及渡口前后都应派出活动哨。

6. 为能迅速排除任何堵塞，渡口附近，最好渡口两岸都要准备好拖车。备有梯子和杆子的抢救分队是必不可少的。

7. 严寒天气时，为保障渡口而派出的工兵勘察排应得到加强，以便排长能安排各哨位多换几次岗。

8. 坦克乘员在越过冰面时必须遵守以下行为规则：

要保持舱盖和舱门打开。如情况允许，无线电员和装填手要从车里出来，徒步渡河。车长和驾驶员要注意所有的交通指示牌和哨位。避开车辙，轻拉操纵杆，下坡时要松开油门，防止溜车，让车辆缓慢行进。及时挂低速挡，小心地让车辆开上冰面。以8千米的时速匀速驶过冰面。注意保持间距（75米）！如果前车陷入冰层，要小心地把坦克往回倒并援救战友！

二、沙漠中的坦克战

　　想法产生于既定环境，而不是被条条框框引导到固定路径上，这样的部队指挥官才能取得最佳战果。

　　　　　　　　　　　　　　　　　　　　　　　　　——隆美尔 [1]

　　装甲兵也见识了广阔无垠的沙漠和它的严酷法则。在令人窒息的热浪中，在繁星闪烁的夜晚的寒凉中，装甲兵驾驶着被沙尘染成黄色的坦克驰骋在北非海岸上。沙漠战大师隆美尔元帅因狡猾的指挥而被敌人称为"沙漠之狐"，他向为之震惊的世界展示了一支装甲部队的战斗力。无论在机动作战中前进、后退或是进行防御，德国非洲军团总是紧跟自己的指挥官，表现出了非凡的战斗力。

　　在非洲，交锋的双方部队都摩托化了。德军的意大利盟友的某些部队只是部分地摩托化，因此从某种程度而言是一种累赘。除突尼斯的部分地区以外，沙漠是非常平坦的地形，数千米之内都没有任何障碍物，是摩托化部队理想的作战地形。只在极少数的情况下，一些陡坡或沙丘才会阻碍迂回和侧翼突击。因此，在沙漠这个作战区域，与其他兵种的直接协同也不是总有必要。换言之，在非洲可以进行纯粹的坦克战，如西迪拉杰格（Sidi Rezegh）和塞卢姆（Sollum）之战。发动机的性能往往被发挥到极致。只有在发动机的帮助下，才有可能下定此前无法想象的大胆决心。

　　由于战斗发生在狭窄的海岸地带，德军只掌握着几个港口，英军舰队主宰了地中海，解决补给问题因而成为重中之重。英军有一条漫长而曲折的补给线。因此，双方都力争首先保护自己的后勤保障基地和补给纵队，并摧毁敌人的物资基地。为此只有首先歼灭最危险的敌军部队——坦克兵团。如此一来，消灭坦克是最重要的任务。

　　起初，德军坦克的性能优于英军坦克，但意大利的坦克陈旧且性能太差。直到 1942 年 5 月，英军凭借自己的"格兰特·李"（Grant Lee）坦克和美国的"谢尔曼"（Sherman）坦克实现了平衡，而且他们的坦克数量不断增长。相比之下，德军坦

---

[1] 埃尔温·隆美尔（Erwin Rommel, 1891—1944），陆军元帅，德国非洲军团总指挥，最后职位为B集团军群司令。——译者注

克的数量，尤其是配备 75 毫米炮的坦克常常少得吓人。和在东线一样，88 毫米高炮在许多紧急情况下成为救星。高炮甚至经常部署到坦克前面，以便在自己的坦克赶来发挥作用前，用火力弥补距离。

在非洲，德军的机动维修分队虽面临着重重困难，尤其是缺乏备件，但还是在实战中证明了自己的价值。使敌人震惊的是，退出战场的德军坦克总是很快就重新现身了。即使是缴获的敌军坦克，也很快就能为己所用。

高温和常常覆有碎石的地面并没有造成任何特别的困难。相比之下，坦克行驶时扬起的细沙让人很不舒服。空气滤清器起初完全不管用，因此发动机很快就需要更换新的气缸套（Zylinderbuxen）。摩托车在沙漠根本无法发挥作用。细沙严重影响了武器（特别是机枪）的操作安全。这些沙子漫天飞舞，令士兵本人也很难受。

看来，在任何地方作战也没有像在非洲那样大量使用雷区。地雷本应用来弥补天然障碍物的不足。勇敢的工兵必须一次又一次地埋设地雷，或在敌人所布雷区开辟通路。步兵也必须一次又一次地坚守在自己的据点里，以便装甲部队能够实施机动作战。

非洲战场上的德军竭力隐瞒自己的行动和意图。为此，他们用无线电台冒充战斗群，并制作了假坦克和假火炮。他们用拖着树枝的卡车或飞机的螺旋桨扬起烟尘，伪造了整个坦克纵队。他们还成功地把敌人引诱到反坦克炮防线正面，用坦克将其包围，再从侧翼进攻敌人。

非洲军团的三个侦察营是指挥部手中极具机动性的宝贵的工具。非洲为装甲侦察队提供了一个广阔的活动场所，因为他们可以迅速地在沙漠中到处躲避，并且深入敌人腹地，通常观察范围极广。无线电侦察也能在很长一段时间内确定敌人的动向和行动措施，直到在阿拉曼被歼灭的无线电侦察连的文件落入敌手，促使英军更加谨慎地行事。

下面总结了沙漠战的几点经验：

1. 沙漠和草原使摩托化部队拥有难以想象的机动性，在战斗中可以同时使用所有可用的坦克。在很短的时间内可以 180 度改变进攻方向。沙漠中的机械化部队作战可以与旧式骑兵冲锋或公海上的交战相提并论。

2. 迅速摧毁敌方机动部队及其物资供应所起的作用，在沙漠战中远远大于在其他地域的作战。只有在需要某个沙漠地段作为补给基地或航空兵基地的情况下，或者在需要保障部队机动的情况下，占领该地段才有意义。

3. 对战况的迅速判断，根据时间和空间特点在意想不到的地点灵活地集结部队，分割敌人以便将其逐一歼灭，是决定性的战术前提。

4. 在一望无际、通常完全没有遮挡的沙漠中，人员没有车辆就会孤立无援。然而，一支部队只要具有机动性，就总可以在沙漠中开辟出通路。因此，保持机动性是沙漠战的核心问题。补给简直就是部队的生命之源。如果油料过早耗尽，即使是已经取胜的战斗也必须中止。

5. 部队丧失了机动性就会处于十分艰难的境地。他们的阵地很快就会守不住，因为阵地会从四面八方受到进攻。在这样的情况下，反坦克武器和地雷特别重要。非摩托化部队只能用于防御。有防御价值的地点是补给站和有天然依托的地段，如隘口等。

6. 在所有的地面机动部队中，坦克是最危险的敌人。因此首先要将坦克逐出战场。鉴于沙漠中的射界和机动范围大多没有限制，因此在坦克战中，坦克的机动性和坦克炮的射程是决定性因素。

7. 具备突然性便意味着取得了一半的胜利。因此，一切行动都要迅速，从而使敌人的侦察情报不能发挥任何作用。此外，由于沙漠的能见度高，一般而言只有夜间才能隐蔽自身的意图。但沙暴和正午高温造成的气流层，尤其是后者，也会使敌人无法清楚地了解情况。

8. 沙漠中往往难以区分敌我，因为战士穿着颜色类似的制服，车辆也涂着同样的伪装色。当双方都使用缴获的车辆和坦克时，就更加难分敌我了。沙漠战的机动性和不断变化的战线，使得己方随时都有可能被只有在最后一刻才能识别出来的敌军所突袭。因此，每支部队和每个士兵都必须时刻保持警惕。

9. 在沙漠里判定方位本身就是一个问题。因此必须将地图、指南针与里程表读数不断进行比对。侦察和地形勘察必须提前很长时间进行，以避免陷进沙丘或撞上雷区。

10. 争夺制空权是一切战役取胜的最基本前提。

非洲战役很快就结束了。阿拉曼之战标志着转折点的到来。在埃及的土地上，德、意军队的攻击力已告枯竭。同盟国军日益增长的装备优势，特别是坦克、大炮和飞机方面的优势，迫使德军根本无力在战役之后充分扩大战果。长期以来，特别是在夺取托布鲁克的过程中能够对地面部队提供很大帮助的航空兵，后来所给的支援也越来越少了。

在这种情况下，本来旗开得胜的远征却以失败告终。德军在撤退到 2000 千米外的突尼斯，并在那里仅靠微弱的增援抵抗了较长时间；但在法属北非登陆的美军由西南面发动的攻势和英军由东面发动的攻势，让突尼斯的防线也崩溃了。1943 年 3 月 12 日，两支德军部队的残部被迫在突尼斯停止抵抗。

三、居民点战斗和森林战

对这些村庄的攻击付出了太多的伤亡代价，以至于我把避开它们作为一项法则，即使我觉得不一定非得这样做。

——弗里德里希大帝

坦克不太适合进行居民点战斗。其机动性会受到很大限制，交火只能在短距离内进行。装备近战反坦克武器的敌人到处都能找到好的掩体，很难被发现。

因此，只要有可能，就要避开和绕过居民点。然而，战斗群轮式车辆分队的越野能力较差，如果在道路网不发达和地形复杂的情况下无法绕道，往往不得不攻占居民点。

一个居民点的出入口首先会被反坦克炮、地雷或鹿砦封锁。有时，伪装周密的坦克也被非常巧妙地部署在大门口和花园里。

在进攻敌占居民点时，需要在炮火掩护下尽量由一侧接近。若敌人发现坦克接近，己方炮兵就要对居民点边缘猛烈开火。与此同时，坦克和乘坐装甲运兵车的装甲掷弹兵一边进行猛烈的行进间射击，一边全体冲进居民点。在居民点内主要是装甲掷弹兵作战，他们下车后编成突击队前进，少量坦克作为突击炮提供支援。其余所有坦克待命，以击退敌人可能的反击。

若只有常规步兵，最好让他们在炮兵的掩护下尽量接近居民点边缘集结。若此时坦克主力从另一侧进攻敌人，为了防止敌人进一步加强居民点防御或在进攻期间撤离，步兵要在几辆坦克的支援下发动进攻。为了避免两组进攻部队互相伤害，只有在居民点足够大或极其便于观察时，才可以从两个相对的方向同时实施钳形进攻。在这种情况下，必须确定每组进攻部队的前进距离，商定信号，并在进攻中保持密切联络。

在追击中，坦克可以大胆地迅速突入居民点，并在通常非常宽阔的居民点街道上向各个方向开火，引导战斗群的非装甲车辆通过尚被敌人占领的居民点。这时，居民点里的敌人无法被立即清除。这项工作要么由步兵完成，要么留给后续部队完成，因为聚焦并迅速完成主要目标才是至关重要的。

若居民点位于重要道路的交叉点、渡口或者居民点内有武器和给养仓库时，就必须在占领后留下警戒部队。否则，敌人可能会再次入侵并重新夺回居民点。

在居民点防御中，坦克主要担任预备队，负责反击。隐蔽的坦克阵地和通往这些阵地的路线应被准确指定。最好的办法是，在敌人进攻至居民点边缘之前，立即突击敌人侧翼。所有的防御方案都必须事先进行探讨。夜间，尤为重要的是为坦克派出警戒，并使坦克能够立即做好战斗准备，以便在遭遇袭击时不会有坦克未及抵抗就白白损失。

暂时无法修理但炮塔仍能使用的不能开动的坦克，应用作环形防御。为此，坦克掩体高度应与炮塔齐平，并进行严密伪装。

所有居民点战斗最重要的前提是装甲兵与步兵和工兵之间密切、有序地协同。

森林战类似于居民点战斗。在森林战中也不适合使用坦克，但在东线林木茂密的地区使用坦克往往是不可避免的。

在进攻中，步兵首先在坦克的火力掩护下冲入森林。随后，他们按地区分段前进。步兵要为坦克提供警戒，尤其是在穿越林间通道时，因为这些通道两侧经常会有反坦克炮，而在林间空地上，坦克则负责掩护步兵。工兵负责检查道路和交叉点上是否布设了地雷。

车长必须关闭炮塔舱门，以防隐藏在树上的射手造成不必要的伤亡。战斗过程中要交替进行近距离观察，对可疑地点进行射击，并有计划地进攻敌人的抵抗基点。如果要在运动战中迅速通过敌人占领的林区，则应组建由步兵、少量坦克和工兵组成的小型混合突击队担任尖兵，沿道路左右两侧推进，非装甲车辆则在坦克的掩护下紧随其后。

如果部队在追击中紧紧尾随敌人，让敌人来不及布设地雷，那么非装甲车辆就可在坦克之间行进，整支部队一边向四面八方猛烈射击，一边突进。在树木稀疏、便于观察的林区，敌人可以远距离火力封锁前进道路。这时，应当沿道路两侧间隔配置单辆坦克。在坦克掩护下，整个纵队加速驶过危险地段。

在森林中进行防御的要点是，坦克应有宽阔的射界，并由步兵进行常设警戒。坦克主要担任局部地区的预备队。为确保整个地段的部队，尤其是地段接合处的部队迅速转移，必须进行地形勘察并构筑交通线。

无论在居民点还是森林作战，如根本无法避免使用坦克，坦克部队破例分割到排不算是错误做法。此时，坦克要充当步兵的重型支援武器。仅凭坦克的存在就常常使敌人无法前进。

　　在东线，由于房屋的木质结构较为松散，更容易进行居民点战斗。而森林战则极其困难，因为苏联森林的广阔和往往类似原始森林的特点为兵力较多的敌军提供了栖身之处，使他们能够坚持数周甚至数月。

四、夜战和雾天作战

夜晚是善战的士兵的朋友。

——埃贝巴赫 [1]

在第二次世界大战中，夜晚对作战的意义要比以往任何时候都大得多。为能不断前进并争取充分扩大战果，即使条件不是特别有利，装甲部队也会在夜间和雾中继续行军和作战。白天的战斗越机动，战线的走向越不明确，而以在拂晓前深入敌人后方为目标的夜间进攻就显得越发重要。

虽然夜战在某些方面并不符合装甲兵的特质，但初期的大胆尝试表明，如使用和指挥得当，坦克在夜间也可以取得大胜。由于战争后期德军自身在空中和地面处于劣势，黑暗往往是取得胜果，哪怕是有限胜果的唯一条件。由于夜间必须与深入后方的敌人或伞兵作战，还要抵御游击队的突袭，因而就连后勤机构也必须在夜间做好战斗准备。

坦克夜间行动的一般目的是：

1.发动大范围进攻，以便在拂晓前突破敌人阵地，并压制其防御火力。

2.扩大或巩固白天取得的战果，特别是在敌人已被击溃，可以转入追击时。

3.通过有限目的的夜袭，掩护己方的退却行动。

4.清除突入个别地段的敌人，或采取其他改善防御的措施。

5.突围或冲入包围圈援救被围部队。

黑暗为坦克夜间作战带来的优势如下：

1.敌人的航空兵受到限制或根本无法行动。

2.地面武器，特别是进行直瞄射击的反坦克炮和坦克的威力降低，因为它们只能近距离射击，而不能集中开火。

3.坦克的轰鸣声和火力对敌人士气的打击增大。

而黑暗造成的劣势则是：

1.指挥和联络更加困难。

---

[1] 海因里希·埃贝巴赫（Heinrich Eberbach，1895—1992），装甲兵上将，曾任装甲兵总监，"二战"末期任"西线"装甲集团军司令。——译者注

2. 由于很难观察敌人，射击精度降低。特别是由于当时还没有夜视器材，坦克炮无法充分发挥威力。

3. 夜间判定方位、侦察和警戒要困难得多。

4. 很难保持进攻方向，只有在特定条件下才能改变方向。

5. 进攻速度要比白天慢得多，因此增加了油料消耗。

6. 由于无法进行瞄准射击，弹药消耗量也大大增加。

7. 抢救伤员和故障车辆需要采取特殊措施。

8. 坦克的轰鸣声从远处就能听到，降低了行动的突然性。

所有这些劣势起初显得非常严重。因此，经过较长时间以后，装甲兵才决定参加夜间作战。

夜间需要采取一些不同的作战方法，这主要取决于黑暗的程度。要是夜间非常明亮，例如满月时，战斗方式就接近于白天。实战证明，能见度不超过50米的夜晚不适合进行坦克作战，除非有探照灯或空中照明等人工手段来照亮黑暗。能见度在100—200米之间是最利于坦克作战的。

具体而言，夜战与白天进攻有以下区别：

1. 部队编成

这完全取决于敌情。如果敌人已在阵地上防御了很长时间，因此必定有地雷和其他障碍物时，那么坦克必须与下车的装甲掷弹兵和工兵密切协同。在运动战条件下，仅由装甲车辆组成的混编战斗群已经证明了自身作用。白天进攻时，坦克分队混编过多是与集中兵力的思想相悖的。相反，坦克在夜间必须分割使用。彼此不相近的作战单位很难混编并形成一体的战斗力。由于侧翼受到威胁较小，夜间进攻的范围不必像白天那样大，因此部署一个加强连或营作为第一梯队就足够了。

2. 发起进攻

夜间进攻的时间要比白天进攻的时间长得多。由于敌人最晚在拂晓时发起反击，因此进攻部队必须在这以前完成任务，并做好防御准备。故而，根据与目标的距离，进攻行动要及早开始，至少要在拂晓前一个小时完成。之后，部队必须立即重新集结，准备白天的战斗。如果未能及时达到目标，部队要么撤退，要么就地占据有利的防御位置（摆出环形防御队形）。敌人的兵力、天光的明暗程度、地形条件以及部队编成也会影响确定发起进攻的时间。

追击是一个例外。追击时，不允许拖延太久，也不允许在完成任务前停下来，因为每多前进一千米都可能对第二天的作战有极大影响。

3. 地形选择

地形应尽量平坦开阔，因为只有这样才更容易克服其他各种困难。障碍物必须由工兵清除。选择进攻区域时应尽量排除较大的居民点和林区。坦克在夜间占领这些目标要比白天更困难。不得已时，坦克要绕开这些地区，并由炮兵按照火力计划表压制这些地点的敌人。地形中可以作为地标的天然定位物非常重要，例如一排排的树木、单个的草垛、羊圈、塔楼之类的东西。

4. 进攻目标

进攻目标需比白天近得多，而且应尽量使坦克直线到达。从两个方向进攻或合围这样的战术动作在夜间几乎是不可能的。只能在停顿时进行必要的方向改变。在夜间找到规定的进攻目标特别困难。为了完成此项任务，可以使用陀螺仪、罗盘或天体判定方位，但最好是采用简便的方法，如在目标方向上点燃草垛等。实战证明，可以在战线后方摆放 2 台探照灯垂直照向天空，或使用照明降落伞。但是，只依靠某一种方法是不行的。在夜间处理次要目标比白天更有必要。

5. 夜间进攻前的准备

准备越充分，获胜的把握也就越大。在仔细侦察和地形勘察的基础上选择了进攻区域后，指挥官要给部下详细说明情况。此外，还必须对参与行动的重装兵种和所有支援兵种的行动做出精确的安排，包括补给问题、其他地段可能采取的欺骗措施等等。

6. 作战的实施

夜间作战的整体实施要比白天更有计划性，类似于泥泞和冬季条件下的作战。如果部队只有装甲车辆，那么机动是最重要的因素。要从行进间射击并压制敌人。坦克通常第一批投入作战。在未与敌接触，或遇有浓雾时，最好先派出乘坐装甲运兵车的装甲掷弹兵在前面开路。他们以跃进方式前进，时不时会熄火，这样一来，在敞开式车辆中的他们能比坦克乘员更清楚地听到所有声音。若坦克在前，装甲掷弹兵就根据情况乘车或下车紧随坦克前进。

与白天进攻不同，步兵和工兵必须"紧贴"坦克跟进。突击队冲击敌人阵地的速度越快，所受的损失也越小，因为这时敌方炮兵还来不及进行拦阻射击。坦克的间距必须小到相邻的坦克可以看到对方。两翼的坦克要不时根据特别命令用曳光弹进行连射，以显示自己的位置。机枪是夜战中最重要的武器。因此必须以至少 1 ∶ 3 的比例携带大量的机枪弹和装有曳光弹的弹带。

部队指挥官位于中央。他附近的部下有炮兵指挥官、工兵排以及军医乘坐的坦克。炮兵指挥官在夜战中的任务并不是校正火力，而只是确定进攻开展方向，以便能够据此按照火力计划表指挥射击。在越过己方战线时，要按照指示牌指示或根据预先安排的信号进行。

如进攻失败，就很难摆脱敌人。从坦克的角度来看，必须把损坏的坦克拖走后才能退却。因此，要尽可能利用原来的路线退却，毕竟这是得到己方炮兵掩护的唯一途径。若地形条件不利而不宜返回原集结区，或者从目标到另一个阵地的路线更近而路况更好时，那么在退至该阵地前必须准确告知防守该阵地的部队。

7. 夜战的指挥

夜间进攻的命令应十分详尽。除一般进攻命令的要点外，命令还应极为详细地说明己方阵地、集结区域、通往集结区的行进路线的标示方法（特别是深夜和遇到难行地段时）、分队指挥官坦克的识别标记以及口令。

雾天的作战方式

适用于雾天进攻的原则与适用于夜战的原则相同。在雾天，防御者无法充分发挥防御火力的威力，因为他们的眼睛——观察所——已经失明了。在突然遭遇时，坦克比行动不便的反坦克炮，特别是比炮兵的火炮更有优势。不过，雾天判定方位比夜间更加困难。在这种条件下，除借助陀螺仪外，只能使坦克紧贴路肩或森林边缘运动，而且要缩小各车间距。此外，还必须考虑到天然形成的雾（尤其是晨雾）会出乎意料地迅速消散。若当时坦克队形过于密集，且处于不利的地形，就可能出现严重的损失。此时首先必须立即散开，采取环形防御队形，而后查明情况和重整部队。只有在突然遭遇敌人时，才必须立即向前推进。

西线战场的敌人会施放能大面积自动起雾的人工烟幕，特别是在进攻有防御的河段时。这种烟幕也可以减弱航空兵对重要地点（如桥梁）的作用。小面积施放烟幕可以吸引敌人火力。

如果己方坦克被敌人的烟幕弹所迷盲，那么坦克最好迅速穿过烟幕，以挫败敌人在掩护下接近或绕过己方的意图。如果地形妨碍前进，就必须加速撤出烟幕地区，以便在其他地点迎击敌人，或在侦察后再次进攻。

小结

尽管有特殊的困难，但坦克在夜间和雾天作战往往会达到出其不意的效果，取得决定性的胜利。当然，实施这类作战非常困难。参加过夜间进攻的人都会记得那种景象：房屋和车辆熊熊燃烧，照明弹往来穿梭，神奇地点亮了整个战场。他们也会记得敌人突然出现时的紧张气氛。

指挥官和部队掌握夜战的特点对取胜至关重要。尽可能充分的准备是必不可少的，但无论如何也不能在夜战中丧失进攻的锐气！

五、桥头堡争夺战

桥头堡本身并不是目的。唯一重要的是军用桥梁，它使部队能够花费最少的时间继续前进或进攻。

——霍特

就构筑桥头堡而言，必须区分按计划准备的进攻和利用有利机会的突袭。

当敌人防御坚固或桥梁已被摧毁时，有计划的行动是必要的。在此情况下，所有准备工作——对渡河地段的周密勘察、部队编成、渡河计划、火力支援等——都必须像进攻有防御准备的敌人那样进行。不过，这不是坦克部队的任务，它们一般编入战斗群，只通过快速突击来夺取渡口。

在运动战中，东线的众多河流和渡口最适于进行这种突然袭击。先遣队的坦克乘员在桥梁爆炸前将其夺下，或者挽救了已被点燃的木桥，使其免遭完全毁坏，从而确保了最初的胜利，这样的例子可以举出很多。因为对于迅速构筑桥头堡和继续进行下一步作战行动来说，首先有一座完好无损的桥梁总是意义重大。要为此创造最好的条件，必须进行追击，争取追上敌人，至少要和敌人的殿后分队一起到达桥梁。

夜间、雾天和黄昏对实施突然袭击特别有利，并使部队易于接近渡口。桥梁守卫常常直到最后一刻才能分清敌友。由于每一秒钟都很宝贵，所以要从行进间对敌人进行射击，以便首先压制桥梁守卫并使其发生混乱。派到第一线的工兵做出了许多英勇举动，他们迅速清除了炸药，或对受损桥梁进行了紧急修复，这确保了整体的胜利，并大大减少了伤亡。

如果成功夺取了完好或破坏轻微的桥梁，坦克必须立即迅推进到居民点边缘或附近高地上，以便保障跟进部队过桥的安全。过桥的时间常常拖延很久，因为有时坦克可以通过受损的桥梁，但轮式车辆却无法通过；有时敌人的空袭、炮击或反击会反复打断过桥。

如果桥梁因为承重太轻或损坏太严重而无法让车辆通过，那么装甲掷弹兵就必须和工兵一起先构筑桥头堡。他们可利用尚有部分可用的桥梁渡河，或在尽量接近的有利位置使用充气橡皮筏渡河。坦克可以从这一侧的河岸提供火力掩护，以支援强渡（首先是侧翼部队的强渡）。

桥头堡的面积取决于战况和地形。开始时往往只能在桥梁附近构筑桥头堡，因为敌人仍在进行顽强的抵抗。此时的局势十分不利。坦克乘员有时会无法将头伸出车外。可一旦歼灭或击退了敌人，就必须立即扩大桥头堡。敌人若真的从措手不及中重整旗鼓，通常会转入反攻。

扩大桥头堡适用的原则是，不允许敌人以瞄准射击阻碍渡河。尤为重要的是立即派出侦察队，以便及时获取逃敌的情报。

是否有可能立即从占领的桥头堡推进，取决于任务和战况。从坦克部队的角度来看，继续推进始终是可取的，因为留在桥头堡限制了自身机动性。然而，在大多数情况下，这需要另外调来部队，并补充油料和弹药。

如果需要长时间扼守桥头堡，那么坦克部队就必须迅速撤出，并集结担任预备队。此时的作战行动类似于合围战，坦克要以反击防止敌人压缩或分割桥头堡。

六、越过障碍物

突然袭击，而不是计划中的攻击，才符合装甲兵的特质和精神。

——埃贝巴赫

敌人试图用各种办法来阻止坦克的前进，如设置从简易路障到河流阻塞物在内的各种障碍，修筑反坦克壕和战场障碍物，使用反坦克炮和地雷等。其中，地雷是一个看不见因而特别危险的对手。不过在运动战中，地雷只起到了拖延的作用。

对于坦克来说，主要的危险倒不是地雷本身，而是反坦克武器对雷区的保卫。往往只需履带被炸坏，坦克就会瘫痪，从而失去自身最大的优势——机动性。坦克如果还能在有限的范围内移动，就必须沿着自己的车辙加速后退到掩蔽地。无法动弹的坦克要由另一辆坦克或抢修牵引车拖走，但必须注意不要损失第二辆坦克。遇到鹿砦类障碍物，最好先用爆破弹将其炸开，若敌情允许，就用牵引绳拉走挡路的部分。要越过像墙壁那样的高大障碍物时，炮口必须转到 6 点钟方向，以免损伤长身管的火炮。

攻克布有雷区的纵深配置的防御阵地是步兵和工兵的任务，他们为此采用了一种专门的进攻方法。坦克部队在自己的工兵帮助下或与装甲掷弹兵协同，通常只能排除局部障碍，这些障碍使坦克无法使用隘路、渡口、道路交叉点和林间道路等。

坦克尖兵或装甲侦察分队如遭遇无法突袭的有防守的障碍物，必须立即开到最近的掩蔽地，并在那里警戒和报告情况。随后，跟进部队应首先设法绕过这道障碍物。只有在无法绕过时才能强行通过。做出何种决定完全取决于形势、部队兵力和地形。

如果需要绕行，必须根据地图并通过地形勘察来确定合适的绕行路线。所选择的路线必须尽量远一些，从而使敌人用来保护障碍的武器无法对其发挥作用，而且要尽量在掩蔽下绕行。绕行时，必须用火力准备和佯攻使防线上的敌人忙碌起来，分散其注意力。

若战斗群已经完成了绕行，例如已穿过了一个溪谷，而余下的正面分队不能沿着绕行路线前进时，就要派工兵在步兵和重武器火力掩护下尽量从障碍物后方开辟通路。如预定目标可以迅速完成，而且不一定需要轮式车辆时，最好事后来清除障碍物，或将此任务留给跟进部队来完成。坦克分队则继续前进，只留下少量的警戒部队。

如果不可逾越的地形或敌人的猛烈抵抗阻止了绕行，或者改道会花费太多时间，就必须强行突破障碍物。大多数情况下，周密的准备工作是必要的。即使在这种情况下，也要以局部包围为目标，以便工兵能够在可用重武器监视的有利位置清除地雷和标示通道。坦克主力必须从正面拖住敌人，保护进攻步兵的侧翼和掩护工兵，并随时准备追击。

然而，突然袭击更符合装甲兵的特性。如果根据出色的侦察情报正确地判定形势，并且有一支训练有素、编成得当的部队，那么即便面对兵力大为占优的敌人，这类突袭行动也能取得胜利。可是，没有完成这类任务的说明书！经验丰富的前线士兵所使用的手段通常是因时而生。当所有人都能相互信赖时，这种手段通常会带来预期的胜利。

无论选择什么办法通过障碍，下面这个原则始终适用：

在任何情况下，坦克都不应在障碍物前停留过久，以免影响完成预定目标！

七、包围圈作战

没有绝望的局面，只有绝望的人。

——古德里安

尤其在大战的最后两年，突围和冲入包围圈解救被围部队是东线极为常见的作战行动。士兵们称其为"Kik"和"Kak"，即解围作战（Kampf im Kessel）和突围作战（Kampf aus dem Kessel）。

在摩托化部队的作战方式中，只要被分割的部队保持机动性和决策自由，暂时的分离或部分兵力被歼通常不算什么严重危险。尤其是当部队的训练要求就是敢于冒险，并信任地将侧翼安全交给上级指挥官时，这些都是运动战中不可避免的危机。在正确的指挥下，这些困难通常会在作战过程中自行解决。然而，若主动权已被敌人夺得，而被围部队中的大部分人丧失机动性，或者奉命必须扼守某一重要地点时，被围士兵就会面临非常艰难的局面。每个东线战士至今都会被"固定地点"（fester Platz）这个说法唤起痛苦的回忆吧！

在包围圈内，坦克的任务是充当机动预备队，防止敌人收缩包围圈或分割被围部队。为此，坦克主要进攻有限的目标，利用内线作战的优势。坦克面临的主要困难是补给困难，坦克维修尤其困难。这些困难往往只能通过拆解损坏车辆和大幅限制油料消耗来解决。

因此，每次进攻的必要性必须经过深思熟虑。每移动一千米都会制造紧张气氛。还必须懂得，每损失一辆坦克，突围成功的不确定性就要增加一分。经验丰富的坦克指挥官在包围圈中只考虑坦克的耗油量和实际携带的备件。他不会指望总是不确定的前景，即通过空运或外部援助获得这些性命攸关的东西。

突破包围圈时，坦克的任务是打开一个缺口，便于部队撤回己方防线。当敌人还没有封死包围圈，或其主力尚在执行其他更重要的任务时，突围就并不困难。

突围的先决条件是在有利地段集中兵力。若与己方部队距离不远，即使开始时打通的出口很窄，通常也能迅速与己方部队重新建立联系。这样就有条件运来补给和增援，并运走伤员。这个蘑菇状地段最后是完全缩回，还是扩大成一个突出部，取决于具体情况。如果己方战线距离过远，突围作战就非常困难，在许多情况下甚至完全不可能突围。

突围前，要仔细考虑，哪些东西是负担或因缺乏油料而必须丢弃，还有哪些东西必须销毁，首先该放弃的就是行李和不具备越野能力的车辆。不允许任何有价值的东西留在废弃坦克里或在路上落入敌人手中，尤其是地图、命令、作战日志和无线电文件等。然而，带走所有伤员和尽可能多的重武器是一种荣誉，即使重武器在突围期间因缺乏弹药而无法使用也是如此。二者在之后的战斗中是不可或缺的。

突围的战术措施主要是根据部队编成和各分队的战斗力来制定的。要将非装甲部队和徒步行军的部队，特别是通常由补给车辆运送的伤员，安排在中央，以便他们能够得到充分的掩护。坦克应负责开辟道路，并警戒好包围圈的战线变动。为此，坦克应得到机动步兵和工兵的支援。突围前，由于补给状况一直很紧张，只有极个别的情况下才可能实施佯攻。

突围尽量在夜间进行，因为白天敌人易于采取反制措施。特别是苏军，他们最善于迅速建立反坦克炮封锁线。被围部队兵力薄弱，又没有足够的炮兵支援，很难在白天打破这一封锁。因此，如果因地形限制不得不突破反坦克炮封锁线，往往只有在夜间由步兵先进攻，坦克随后突击，才有胜利的希望。在黑暗中行进的距离越大越好。如果可能，最好"蒙混过关"，避开主路，尤其是避开居民点。

坦克在突围过程中只追求利用自身机动性和行程，而甩掉速度较慢的部队，那就是错误的。特别是在撤出敌占区的战斗中，每位车长都必须牢记，他的快速行动通常对整个突围的胜利具有决定意义。

突围时最好有己方部队同时进攻以提供支援。坦克特别适合实施这类进攻。坦克可以完成向包围圈开辟道路的任务，或者至少牵制住想通过进攻来包围突围部队的敌人。只有能同时为被围军队送去补给，从而增强其抵抗能力时，大胆突破包围圈才有意义。否则，包围圈内的情况只会变得更加危急。

包围圈作战，需要全体官兵有极大的勇气和顽强的意志，有危机下的应变能力和灵活性。无名的单兵、坦克乘员或其他小型作战集体为了战友不怕牺牲的精神，在历次包围圈作战中都发挥了极大的作用。

包围圈作战是战争危机带给坦克的许多次要任务之一。它与使用坦克的实际目的相矛盾，而且造成了重大损失，因为要支援兵力薄弱的前线，就不能避免以小分队投入坦克。但是如果没有坦克的援助，被围部队多半会被消灭。能够将浴血奋战的战友们从困境中解救出来的装甲兵，总是特别受到欢迎和感谢。

八、作为步兵时的行动

多流汗就能少流血。宁挖 10 米的战壕，不挖 1 米的坟墓。

——士兵格言

战争还迫使装甲兵用手中的武器像步兵一样作战。尤其是 1941 年的第一个严冬，损失了大部分车辆的装甲团不得不将剩余乘员编入应急连甚至营，以封闭防线中的缺口。他们与步兵战友一起徒步作战。

每个装甲兵都不愿回忆这些缺乏众多前提条件的行动。如果装甲兵能继续在原部队作战，那么他们会立刻感到满意。但经常发生的情况是，装甲兵被分配到有时由休假士兵组成的陌生部队。他在陌生的新集体里感到格格不入。因此，应急部队的军官和士官最重要的任务是，尽快使他们的下属有安全感。需要做的事包括拨出一间办公室，登记所有分配来的士兵的姓名和家庭住址，与其原部队建立联系以便转发邮件，提供专门照顾（作战给养和随军贩卖品）以及医疗服务。

在战争后期，当高额的坦克损失通常无法再得到补充时，下车作战的乘员或指挥部连和修理连的成员也常常要作为步兵参战，弥补步兵兵力的不足。其任务是保卫补给设施，守备据点，警戒个别原地不动的受损坦克，以及扫荡渗透到居民点和林区中的敌人。己方仍有战斗力的坦克——特别是在有遮蔽的地形上——往往需要乘员作为步兵警戒。这是防止敌人接近坦克的唯一方法。为此，必须清除森林中的灌木丛。只有林中通道是不够的，因为它们太容易被破坏了。散兵坑和战壕也必须采取向上和向后的防弹片措施，否则会因树木被击中而造成伤亡。

在防守居民点和补给基地时，紧靠边缘是错误的。占据最近的高处，阻止敌人观察己方地域，是比较正确的做法。如果地形开阔且仍有坦克可用，那么在白天和能见度高的时候，只需在高地上有观察哨就足以发出敌人接近的信号。为了能够迅速布置防御，必须在敌人可能进攻的方向上侦察和进行准备。如果能足够远地观察敌人的地形，最好利用反斜面构筑防御工事。装甲兵根据经验熟知坦克炮的射击精度，坦克炮能远距离击中高地前坡的任何小目标。

居民点必须做好防御准备，要在房屋中修建射击孔，清理射界，并以交通壕连接各个据点。还需要采取专门的防火措施，例如准备水桶和沙箱，准备营房的紧急出口，以及掩埋弹药和车辆，并且避开木制房屋。

装甲兵在被当作步兵使用后，很快就掌握了在开阔地带作战的经验，他们时而迂回，时而匍匐前进或短距离跃进。他们很快就学会了根据敌情挖卧式掩体以及合理地分配阵地。他们也明白了，在阵地上，特别是在夜间，不允许说话、吸烟、点灯或鸣枪。敌人教会了他们，在进攻或侦察任务中，只有在火力掩护下才能分段接敌。他们发现，在夜间用卡宾枪和机枪射击时弹道应调高，避免光线不好时被敌人瞄准。他们还学会了在夜间防御时将武器对准突出的地点、道路和沟壑。他们的经验是，在敌人突入防线的情况下，只有立即用训练有素的突击队进行反击才有可能迅速取胜。在步兵作战中，装甲兵也摧毁了许多敌坦克，因为他们最了解坦克的薄弱部位。

装甲兵起初是不习惯作为步兵作战的。他们的武器和黑色制服并不十分适合这种作战。但即使在下车后，他们也还是发扬了和在自己坦克里一样的进攻精神。

不幸的是，宝贵的专业人员的大量损失是不可避免的。这导致后来为新运来的坦克配备人员时极其缺人。因此，让装甲兵作为步兵行动应始终限于极其紧急的情况。

九、清剿游击队的斗争

使用坦克对付游击队是一种奢侈，只有很少的情况下才能负担得起。

——莱因哈特

任何游击战，都是通过破坏补给线和铁路，突袭高级指挥机构、车队和个别哨所，以及破坏通信联络和有价值的补给物资，以骚扰、干扰和直接损害防线。

交通不便、难以通行的遮蔽和起伏地形，以及密林、沼泽、山区，为游击战获胜提供了最佳的条件。游击战是毫无规则可言的。虽然游击战可以对敌人造成相当大的伤害，但对己方的人民也有瓦解作用。

第二次世界大战期间，战线后方曾广泛开展了游击战。它对许多战斗的结局都有决定性的影响，例如1944年在东线中段展开的游击战。由于人民的生活条件越来越差，己方大部队打回来的希望越来越大，游击队在战争结束时越来越活跃。几乎所有战区都有游击队，这就要求调集大批治安部队，这些部队必须长期驻扎后方，而前线却苦于缺少这些兵员。

意志坚强、体魄强壮的苏联人特别适合打游击战。苏联人懂得如何用最原始的方法进行战斗，像游牧民族一样四处游走，突然出现在某个地方，却又很快消失得无影无踪。巴尔干人和罗曼语民族也适合这种作战方式，而德国人在这方面天赋很少。

有些游击队的行动是由中央领导的，但大部分小股游击队完全独立行动。多数情况下，游击队和正规军之间只有松散的联系。

游击队要是不能靠农村生活，通常就得靠空投获得补给。游击队的兵力取决于当地条件。有的游击队也装备有重武器，苏联的游击队甚至有坦克。然而除此之外，他们的装备只包括轻武器和炸药。为了执行特殊任务，他们有专门训练和编组的小分队，通过无线电台、飞机和特工与总部保持联系。

与游击队作战和正规作战大不相同。一般来说，要为此使用排或连级的机动歼击小分队。在危险地区，装甲兵内部也有专门组建的侦察队，以便在游击队突然出现时立即投入战斗。这些分队只在由坚韧而机警的年轻士兵组成，并能像猎人那样行动时，才能顺利完成任务。

小分队遵守的基本原则是像游击队一样战斗。通常在夜间完成行军，白天则在可靠的藏身处休息。一旦到了游击队实际活动区，歼击小分队就会在游击队的必经之路（隘路）或游击队经常突袭的地方设伏。在这些地方，往往能以闪电般的进攻全歼一支游击队。

在大的游击区，清剿是统一组织的。通常情况下，要包围己方特工报告的游击队所在地区，并按计划（扫荡法）进行清剿。这时也会使用单辆坦克。为了能够迅速粉碎任何解围或反击的企图，或者追击已经被击溃的游击队，保持一支机动预备队总是非常重要的。大多数情况下，这种清剿行动的准备和实施需要好多天。

除了积极清剿游击队之外，还有必要采取一些专门的预防措施，包括：加强对所有重要目标的警戒，特别是补给基地、桥梁、铁路线、各级指挥部等；在游击队活动区，车辆必须被编入"护卫车队"，并且经常需要装甲侦察车或其他武器进行额外警戒。

在占领军无法在政治和经济上向居民提供最起码条件的地区，游击队像野草一样生长。对付这类地区的游击队，必须首先由反游击活动部门负责。士兵们靠自己的办法只能暂时铲除这些杂草。

十、欺骗、欺诈和诡计

你们使用的诡计和手段越多，对敌人的优势就越大。必须欺骗和误导敌人，以便从他的错误中获益。

——弗里德里希大帝

通过保密、出其不意、改变进攻方式和行军路线以及各种军事欺诈来掩盖各类军事行动，是属于部队指挥官的战术手段。第二次世界大战期间采用了大量欺诈措施，这些手段多种多样，无法详细列举。军人有必要熟悉一下针对他们的各种方法和可能情况，以便能够采取相应措施保护自己。

下面只对狡诈手段进行总体概述。所举例子都是第二次世界大战期间的实例。

伪装和欺骗

1. 等待敌人进入精心选择的阵地。例如，把反坦克炮或坦克完全伪装在房屋、大门口和草垛下，并突然从最有利的距离开火，进行歼灭性的射击。

2. 设置所谓的"火力口袋"。此时，反坦克炮以敞开口袋的队形进入阵地。大量敌坦克被引诱进这个口袋后，就要遭到四面八方的射击。

3. 在怀疑有敌人反坦克炮或野炮的地点，要设置假坦克的模型，真坦克则部署在侧面或稍后的地方。

4. 放过敌人尖兵或侧卫，从后方或侧面伏击敌主力部队。

5. 从各种各样的掩体中，甚至从粪堆中突然开火，有时在几个小时后才开火。

6. 伪造坦克的声音和其他战斗噪声，以掩盖其他地段的进攻准备工作。

7. 构筑假掩蔽部、假掩体，入口在己方射程之内。在房屋、栅栏周围布设各种地雷。还可以在道路上设置假障碍物，把土掘松一点，只布设少量地雷。

8. 对补给站或机场的伪装是，在远离真实地点的侧方布设空罐和空桶，放上旧帐篷、车辆底盘、报废车辆。此外，这些经过伪装的区域要么照明良好，要么一团漆黑。

9. 卡车的后面挂了树枝，行驶时扬起灰尘，来伪造坦克行驶的假象。或者为伪装退却，使用空车白天开往前线，晚上返回。

10. 对坦克集结进行伪装的方式是，让坦克作为干草车，前边拴着马匹进入集结区。为诱骗敌人转移火力，以烟幕弹和假起火的办法表示已方坦克已被击中。

11. 让译员干扰电话和无线电通信，用敌人的语言下达假命令和口令，或询问战斗情况。

12. 把路标和方向指示牌转到相反方向。把假命令、部队编成的假材料和标有假标记的地图丢在便于敌人找到的地方。

13. 撤退时把遗留下来的油料掺上糖或沙子。

14. 在树上用假人模拟狙击手，在掩体内则用挂在棍子上的钢盔假装狙击手。

欺诈手段

1. 在坦克发动机盖底下或缴获的坦克上放置爆炸装置。房屋内的门窗和水管上布设地雷。把电话线剪断，在线的两端连上地雷，这样就会使故障排除者受伤。

2. 日用物品，如烟盒、食物、使用敌方外包装的弹药，都可以用来伤害敌人或破坏其武器。

3. 派换上敌军装束的士兵去袭击阵地或宿营地。飞机有时还会涂上敌人的标志。

4. 向敌方驱赶俘虏，后边跟上一批士兵突然开火。滥用红十字标志，如在一辆救护车内藏有反坦克炮，然后向先头坦克开火。

5. 与敌方士兵攀谈的妇女向其开枪或投掷手榴弹。

6. 向饮用水投毒，向军用水壶中投入氢氰酸片。

7. 敌人会假装举手投降，突然拉拽拴着手枪扳机的绳子，开枪射击。他们还会装死，然后从背后开枪。

总之，可以说与所有这些手段做斗争是非常困难的，这些手段越来越完善并不断变化。最好的预防措施是：高度警惕和小心谨慎，密切检查周围环境和平民等，以及不断了解敌人的新手段。重要的是永远不要单独行动，也不要不带武器活动。

03

与其他兵种的协同

一、各兵种的音乐会

装甲兵的胜利与各兵种协同的训练息息相关。这种训练至迟在组建分队时就要开始了。

——施韦彭堡男爵

两次世界大战都证明了各兵种之间密切协同的必要性。可以把这种协同比作一支乐队的演奏，各种乐器必须在指挥家的统一指示下奉献一场酣畅淋漓的音乐会。在音乐会上，根据作品的风格，有时以这种乐器为主，有时又以另一种乐器为主，有时还要有"独奏"；但通常只会有一种特定类型的乐器主导整个作品，而其他乐器则提供伴奏。在军事"乐队"中也是如此！

在开阔地形中，特别是在荒漠中，坦克不仅能定下基调，而且还能进行强有力的独奏。在有各种障碍物的掩蔽地形上，坦克会更倾向于退居后排或暂时沉默，而装甲掷弹兵和工兵会更加活跃，只有大炮在这期间会时时发出低音，有时声响还会逐渐增强。

然而，如果最好的乐器一个接一个地演奏或在错误的时间演奏，就不能奏出和声。如果由于战术指挥官缺乏能力，各兵种不能相互协调地同时发挥作用，那么即使最强大的战斗群也毫无用处。

因此，无论是一场音乐会还是一场战斗，决定成败的因素是，指挥家能否牢牢掌握他的乐队，并及时使用和指挥各种乐器演奏。一个乐队的乐器越多，种类越杂，就越能弥补个别乐器的弱点。部队指挥官掌握的兵种越多，越容易克服作战中的困难。但他的任务却更加繁重了，因为他没有指挥家那种能够提供精确指示的乐谱。指挥官只能依据上级指示和自己的经验，考虑敌情、地形和所属兵种的不断变化，独立决定战斗的正确时机。指挥官也无法一眼看清他的整个"乐队"。他在指挥时常常疲惫不堪，并且面临着敌人威胁和恶劣天气的逆境。同时，他还往往不知道自己心仪的"乐器"此刻是否已做好演出准备。

但是，就像一支乐队相互配合的时间越长，每位音乐家演奏乐器的造诣越深，演出就越出色一样，只有各兵种能够熟练履行自身使命和迅速执行任务时，部队指挥官才能指挥作战取胜。

第二次世界大战的这些经验证明了《部队指挥》条例中的一句话：当指挥官

与部属长期互相了解，同一批部队相互间反复实施协同时，战斗力就会大为提高。所有共同作战的兵种必须互相了解彼此发挥作用的条件和战斗力极限。

就像指挥家根据可用的乐器来划分他的乐队一样，指挥官也必须依据匹配任务的合适程度来划分所有可用部队。不存在任何符合机动装甲作战指挥特质的成规。各兵种所扮演的角色根据情况和地形的不同而随时变化。

合成部队的指挥官应负责确保各协同兵种随时支援重点兵种。因此，大规模装甲部队的伴随兵种的任务是，使坦克的火力和冲击力迅速取得决定性的战果，以便坦克能够完成纵深突破，并彻底粉碎敌人的抵抗。装甲部队为完成任务和穿越地形所需要的所有兵种，均应由其指挥。

这种严格的指挥在现代战场上也特别重要。因为各分队之间可靠而迅速的通信联络是不可或缺的。通常，只有装甲化部队——坦克、乘坐装甲运兵车的装甲掷弹兵和工兵、自行炮车牵引的装甲炮兵——之间的通信联络能够顺畅地做到可靠而迅速。

协同意味着相互考虑和相互援助，尤其意味着做好为整体自我牺牲的准备。下面几节将说明这个问题是如何在装甲兵内部得到解决的。

二、与步兵和装甲掷弹兵的协同

装甲兵和步兵在各类战斗和地形中的密切协同，对于取得速胜和避免不必要的损失是必不可少的。兵种之间要互相帮助，以解决他们共同面对的作战任务。

——内林[1]

"步兵的任务是立即利用坦克进攻的效果，迅速前进，并以自己的作战行动扩大战果，直到被占领的阵地完全归己方所有并肃清敌人为止。"

这条 1936 年提出的原则，指明了步兵在与坦克协同时要发挥的作用。随着现代武器威力的不断增长，穿着"羊毛上衣"进攻的无掩护的步兵会遭受很大损失。鉴于第一次世界大战中损失惨重的步兵作战，指挥官应极其重视减少伤亡，并在机械的帮助下尽可能减少使用人力。

战争充分证明了这条原则的正确性。但自远征苏联开始，这一原则就越来越不可能实现了。在战争的最后几年，践行这一原则所必需的强大的装甲部队越来越缺乏。因此，步兵和装甲掷弹兵的任务往往与第一次世界大战时没什么不同。他们的作战行动再次遭遇了惨重的损失。

装甲兵的角色也与 1917 年时越来越类似，因为他们要进行独立的、决定性的作战行动。然而，坦克的数量实在太少，无法支撑装甲兵这样作战。与缔造者的教导相反，装甲兵不可避免地成为步兵的一种辅助兵种。结果，装甲兵最大的优势，即对坦克行程和行进间射击能力的利用，就完全丧失了。

下文中，我们将不谈步兵和装甲掷弹兵众多任务的独立完成情况，只谈二者与坦克的协同问题。这是个无法令人满意地解决的问题。这两个兵种的不同性质导致二者之间常常发生摩擦、误解、抱怨和相互指责，但二者对此基本上都没有责任。只有二者保持良好的共同意愿并长期合作，才能在很大程度上克服这些困难。

与步兵的协同

步兵师的编成内并没有坦克。从一开始，军方就清楚地认识到用坦克直接支

---

[1] 瓦尔特·K. 内林（Walther K. Nehring, 1892—1983），装甲兵上将，在波兰和法国时任古德里安麾下第19军的参谋长，"二战"末期任第4装甲集团军司令。——译者注

援步兵进攻的必要性，但首先必须为参战部队全面装备坦克。遗憾的是，坦克产量不足，无法给步兵师持续配属坦克。因此，坦克只在特殊情况下（需要形成重点时）才配属给步兵师。

但是，战争很快证明，步兵在执行各种任务时都迫切需要坦克的支援。特别是反坦克武器装备不足，往往使步兵有必要配属坦克，尽管这使坦克偏离了它的实际用途。

良好的协同需要精确了解彼此的作战条件和战斗力极限。然而，即使在装甲师和装甲掷弹兵师层面上，随着军队的快速集结，协同也并非总是可能的。组织协同动作时，主要的难点是确定发起进攻的时间、掌握进攻速度和选择地形。必须相互协调彼此差别较大的进攻速度和对地形的不同要求。坦克喜欢在开阔地形上行动，以便尽可能快地推进，并充分发挥其能够远距离精准射击的火炮的威力。而步兵则希望有一个能为其提供足够掩护的进攻区域。

下列协同方式在和平时期已经讲授过，并且这些方式在战争中证明了自身价值。但必须强调的是，即使在进攻期间，这些方式也可能发生变化。这不仅取决于两个兵种的兵力比、地形和敌人行动，而且在很大程度上也取决于协同部队的战斗力。

1. 坦克在前

这一方式最符合坦克的特质，因为这时步兵不会限制坦克的进攻速度。夺取制高点、追击敌人和歼灭突然出现的敌人，都是特别适合以这一方式完成的任务。地形应当开阔，坦克数量和炮兵支援必须充足。这一方式的缺点是，坦克很容易脱离速度较慢的跟进步兵。如果在此期间后方出现了新的抵抗，往往会有部分坦克被迫返回，以帮助步兵前进。在任何情况下，坦克都必须在到达目标区域后等待步兵。因此，很少有机会像装甲师那样扩大战果。如敌情允许，部分步兵可以登上坦克，以便更快地前进。起初会把部分坦克留下来给步兵提供持续支援，但实战证明这样做并不成功。这只会削弱第一梯队，从而使冲击力减弱。"集中兵力达成一个目标"是一个不可动摇的原则。

2. 步坦同时进攻

这种同时进发和密集编队的方式主要用于：清理已被占领的地域，在隐蔽程度很高的地形（如森林）、山区、居民点以及夜间作战。在这些情况下尤其需要保持密切的协同。二者要不断进行交互火力掩护，并以短促跃进的方式前进。这种密切的协同往往发生在基层部队，即单辆坦克和单个步兵班之间。坦克的机动性很难得到利用。如果敌人的拦阻火力（特别是炮兵）造成危险，这种协同方式就是不合适的，因为坦克总是在吸引敌人火力，而没有掩护的步兵会因此而遭受伤亡。

3. 步兵在前

在必须首先渡河，必须清除封锁线（地雷和反坦克炮）或只有少量坦克时，才可以使用这一方式。此时坦克主要起突击炮的作用。它们从后方阵地上，利用长身管火炮的巨大威力消灭那些最妨碍步兵进攻的目标。坦克的另一任务是消灭突然出现的敌人，特别是摧毁突然出现的敌坦克。

4. 从不同方向进攻

当在同一作战地段的联合进攻因地形条件而进展艰难时，这种方法是合适的。这种方法的先决条件是，坦克和进攻步兵都能看到进攻目标。在这种条件下，炮兵支援和火力配置都很困难。尽管是步坦分别行动，也必须保证不间断的联络和迅速的相互通报。

协同的重要原则

各兵种为进行联合进攻，事先要详细探讨目前情况，做好配合行动的准备，这样做对协同具有决定性意义。特别重要的是，坦克指挥官要坚定而令人信服地支持使用自身兵种的作战建议。例如，他应该避免个别排甚至个别坦克被派往前沿，进而被命令吸引反坦克炮火力或查明局势。这样的命令将极其肯定地导致这种宝贵的、不可替代的兵种的毁灭。

具体而言，各坦克乘员均应知道：

1. 对敌人的侦察结果（反坦克火炮是否已暴露）；

2. 步兵的前沿分队和己方雷区的配置情况；

3. 集结区及通往该区域的隐蔽路线；

4. 进攻目标，通常也是中间目标；

5. 步兵前进队形和重武器支援步兵的方法；

6. 通信联络的可能性和进攻时间。

对集结区和进攻区进行亲自侦察是十分重要的。要尽可能使所有指挥官都参与侦察（按级进行）。另外，与步兵的联络即使在进攻中也不能中断。这通常是非常困难的。所有的通信工具，如旗帜、信号布、便携式无线电台、信号弹等，常常在战斗中失灵，或在激烈的战斗中被忽视。最可靠的办法是会晤。步兵指挥官乘坐坦克指挥官的坦克更有优势。实战表明，给连长和排长的坦克标以特殊记号也是有好处的。由于坦克指挥官在战斗中不应该离开他的部队，所以必须派一名携带电台的军官与上级指挥部联络。这种联络方法同时用来与炮兵指挥官联络，并且往往是定位各作战分队的最快方式。

总之，无论是在进攻还是防御中，可以说坦克对步兵的支援是必不可少的。但这种支援消耗了坦克的力量，在执行紧要任务时坦克常常不够用。与步兵协同，突击炮和坦克歼击车要适合得多。《陆军服役条例》第340条写道："在坦克进攻地段内行动的诸兵种的战斗必须以坦克的任务为准。"实际上只有装备装甲运兵车之后才能实现这一条。

因此，坦克的既定伙伴只是装甲掷弹兵。

与装甲掷弹兵的协同

"尽管集中投入了300辆坦克，但攻击失败了，自身的损失相当惨重。缺少真正的装甲掷弹兵造成了痛苦的恶果"，1943年东线的一份作战经验报告如是说。

这300辆坦克充分利用了它们的机动性，打开了一个深深的突破口。然而，为了继续进攻并迅速巩固初期的胜果，它们迫切需要步兵或装甲掷弹兵的支援，因为许多坦克已经被近战反坦克兵击毁；单靠坦克是无法越过雷区和反坦克壕的。与坦克同时进发的掷弹兵由于缺乏装甲运兵车，不得不徒步进攻。自然，他们无法跟上坦克的进攻速度，坦克不得不等待他们接近后再继续进攻。在此期间，敌人争取到了调集预备队和加强反坦克防御的时间。在已被坦克席卷的阵地上，敌人的抵抗重新抬头，掷弹兵几乎无法或只能非常缓慢地前进，因此一些坦克不得不掉头，以帮助受到严重压制的掷弹兵。然而，坦克对掷弹兵的等待和部分坦克不可避免的掉头，使坦克进攻失去了冲击力。尽管起初取得了一些胜果，但进攻在损失惨重的情况下还是瓦解了。

从以上叙述中，我们可以发现坦克与步兵协同的全部问题。我们的坦克指挥官在第二次世界大战前几年就已经在研究这个问题了。起初用越野卡车运载装甲师内的步兵已经是一个很大的进步了，因为步兵可以迅速紧跟坦克。然而，在敌人的炮火中，他们不得不下车步行作战。因此，战斗中的协同问题还没有得到满意的解决。因此，装甲兵在大战前不久又组建了自己的"坦克伴随步兵"（Panzerbegleit–Infanterie），他们乘坐越野车辆，并可防弹片和钢芯穿甲弹（SmK）打击，能够冒着敌人的火力紧跟坦克进攻。

早在波兰战役期间，一些步兵团就配属了一个乘坐运兵车（MTW，Mannschaftstransportwagen）的步兵连进行实战检验。仅仅通过强化钢板"装甲化"的半履带车，每辆可运载一个常规武装的步兵班。半履带车本身只被视为一种运输车辆，因此没有武装。这些运兵车连（MTW–Kompanien）在战斗中紧随坦克；乘员们要先下车再作战。但德军很快就发现，这些较为低矮的运兵车对敌人的士气打击很大。一开始，它们也被视为坦克。因此，通常没有必要再下车作战。乘员们在运兵车里用架在沙袋上的1挺机枪和若干步枪就能粉碎较弱的敌人抵抗。对付较强的敌人时，乘员们下车，在徒步作战中消灭他们，然后再次上车跟随坦克。这种快速的上下车作战转换大致符合骑兵的作战方式。一种全新的与坦克协同的方式诞生了，并为运兵车辆和作战方法的进一步发展指明了方向。

根据波兰战役中的经验，设立了几个全装甲步兵团，每团编为3个营，每营5个连。运兵车的装甲一定程度上加厚了；连长和排长所在的运兵车装备了37毫米反坦克炮；1挺机枪被固定在转向支架上，这样在行驶中也能开火；最初的运输工具现在发展为战斗车辆，得到了装甲运兵车（SPW, Schützenpanzerwagen）的称号。装甲运兵车成了步兵的主武器，步兵靠它作战、住宿和生活。

法国战役和远征苏联的初期是全装甲步兵团与坦克共同作战的经典时期。机动性、越野能力和轻装甲使步兵能跟上坦克的步伐，席卷敌人的防线并实现纵深突入和突破。广袤的俄罗斯平原，还有无边无际的森林和沼泽，以及敌人越来越顽强的抵抗，尤其是近战反坦克武器的发展，使步兵越发成为坦克不可或缺的帮手，正如步兵也要抵御数量越来越多的敌坦克一样。各营、连直至单辆坦克和装甲运兵车都相互配合、相扶相携地向前推进，这些协同进攻的景象令人难忘。

随着1941年冬不可阻挡的退却开始后，通常合编为营的装甲步兵团始终是最后摆脱敌人的部队，通常作为师的"救火队"独立实施局部反击。原定在每个装甲师中编入一个装甲步兵团的计划未能实现。在最理想的情况下，每个装甲师也只能得到一个装甲步兵营。然而，由于超负荷作战，该营很快就消耗殆尽，其残部已经不再是一支真正的步兵部队了。

为了表彰装甲步兵的英勇行为（在第二次世界大战中，步兵的损失是除工兵外最高的），1942 年授予了他们"装甲掷弹兵"（Panzergrenadiere）的称号。装甲兵总监部根据上下车的作战方式建议授予其"装甲龙骑兵"（Panzerdragoner）称号，这无疑更符合这一新生兵种的特点，并更为清晰地突出了该兵种与摩托化步兵的区别。

在战争期间，装甲运兵车逐年得到改进。80 毫米中型迫击炮顺利完成射击测试并成为装甲运兵车的装备。装备 75 毫米炮的装甲运兵车被编入各连，每连 2 辆。还组建了装备 20 毫米高射炮和 28 毫米火箭炮的装甲运兵车连。尽管当时物力有限，在车辆停止或行驶中都能使用所有武器的要求还是基本得到了满足。一款更低矮的"小猫"（Kätzchen）全履带装甲运兵车，当时也进入了研发阶段。然而，由于缺乏物资和原料，战争进程中断了这种新型战车的继续研发。

第二次世界大战期间，步兵和装甲兵这两个姊妹兵种的协同作战表现出以下优势和劣势：

坦克的主要优点是，装甲能抵御轻武器、机枪、迫击炮、高爆弹和小口径反坦克炮，车载武器能持久保持待命状态和高攻击速度。其弱点在于观察视线受阻和缺少曲射武器。而且单辆坦克目标大，易遭反坦克武器和地雷毁伤，就像下车的装甲掷弹兵易受火炮、机枪和步枪杀伤一样。

在敞开式的装甲运兵车中，装甲掷弹兵始终能够不受阻隔地辨识声音，并具有开阔的视野，从而能够更快地发现和对付敌人的反坦克炮和近战反坦克兵。迫击炮、步兵炮和近战武器使装甲掷弹兵能够在掩体后方立足，进而攻击和消灭战壕、房屋、地堡内的人员。在上车、下车和再上车的战斗中，装甲掷弹兵能够和坦克一起，在近战中战胜敌人，并粉碎战场纵深死灰复燃的抵抗。无线电设备也使部队能够灵活地指挥。

装甲运兵车只有薄弱的装甲，不能抵御反坦克炮和火炮与高射炮的瞄准射击。坦克需要时间来做好射击准备。此外，一辆被击毁的装甲运兵车意味着一整个装甲掷弹兵班在战场上至少暂时退出了战斗。

因此，顺利协同的先决条件是相互理解，首先是充分了解双方的优势和劣势。

坦克乘员必须努力为装甲掷弹兵提供火力掩护，以对付后者最危险的敌人——坦克和反坦克炮，同时还要对付顽固的抵抗基点。装甲掷弹兵必须及时发现并消灭敌人的反坦克武器；装甲掷弹兵必须明白，坦克在许多场合，特别是在居民点作战、森林战和夜战中，以及在清除障碍物和封锁的战斗中，都要依靠他的支援。

通信联络是通过指挥官之间的无线电（对讲机），通过曳光指示弹和信号装置，通过手势、闪光和旗语信号来保障的。但最有效的办法还是各级指挥官在战斗前和战斗中亲自交谈。

装甲掷弹兵营和团的主要任务是伴随坦克进攻。在下述情况中，坦克特别需要装甲掷弹兵：

1. 在不方便观察的、有遮蔽的地形作战时，穿越树林时，渡河时，或在争夺居民点的战斗中；

2. 通过有敌人火力防御的雷区或穿越反坦克炮防线时；

3. 在夜间进攻时。

因此，当防护力较高的坦克的任务是与敌方坦克、反坦克炮、重武器和火炮作战时，装甲掷弹兵要保证进攻坦克不受敌近战反坦克兵攻击。当敌人的重武器被坦克和火炮压制时，装甲运兵车要与坦克进行交互火力支援，并向敌人阵地突入。

装甲掷弹兵（乘车的或下了车的）何时随第一梯队的坦克前进，最好由装甲掷弹兵自行决定，因为每次下定决心的时刻都因地形和当地敌人的抵抗而各不相同。装甲掷弹兵越是迅速地利用坦克和火炮的压制效果，越能以自己的武器支援和延长压制，也就越容易实施进攻。

下车的装甲掷弹兵分队的行动与突击队相同。其目的是攻克敌人的步兵阵地，消灭敌方近战反坦克兵和反坦克炮（特别是反斜面上的反坦克炮），或协同装甲工兵清除各类障碍。一旦为坦克继续前进开辟好了道路，还在车上的装甲掷弹兵分队应首先随坦克前进，其余步兵则在尾随的车辆上集结，并且毫不迟疑地跟进。

在防御和退却时，装甲掷弹兵的主要任务是：

1. 在反击或反攻时支援坦克，以消灭突入之敌；

2. 在侧翼或有利位置袭击突入纵深的敌人；

3. 保护侧翼或迅速占领阻击防线。

装甲掷弹兵营的行程大大超过坦克的行程。因此，它在协同过程中还能独立执行任务，如继续加速追击敌人，消灭调来的预备队和退却的补给纵队，等等。尤其重要的是，在敌人立足未稳，没来得及组织新的抵抗时，迅速占领关键地点（高地、十字路口、居民点），以及夺取并守住桥头堡。这些行动应尽可能得到坦克的支援，因为装甲掷弹兵不可能单独对抗敌坦克的突然袭击。

因此，在战争过程中，坦克和装甲掷弹兵要形成一个集体，将它们不同但互补的特点充分发挥出来，从而取得胜利。

三、与炮兵和火箭炮兵的协同

在坦克战快速变化的局势中，坦克火炮必须非常灵活机动。它必须在不妨碍坦克的战场行动的情况下向前射击。

——布赖特 [1]

炮兵的主要任务是以火力掩护进攻步兵前进，并支援步兵击退敌人的进攻。炮兵与坦克协同时也有同样的任务，但执行方式必须适应坦克的特殊作战方式。即使在第二次世界大战中，在现代战场的宽度和纵深条件下，炮兵只有在空间和时间上密集部署，并按任务的轻重缓急逐一执行，才能完成各项任务。

炮兵分为上级指挥机构在重点方向使用的统帅部直属炮兵和师属炮兵团两种。步兵师属炮兵团的火炮主要以马匹牵引；摩托化师属炮兵团的火炮则由牵引车牵引。只有装甲师有自行火炮，最初只编有一个炮兵连，后来编有一个营，下辖两个 105 毫米"野蜂"（Wespe）自行榴弹炮连和一个 150 毫米"黄蜂"（Hummel）自行榴弹炮连。

野战炮的炮弹初速只是坦克炮炮弹初速的一半左右。因此，其弹道较弯。这是必要的，因为野战炮连通常处于隐蔽阵地，射击时弹道必须越过掩体。野战炮的主要任务不是以单炮射击，而是对大面积目标和壕沟内或掩体后的目标进行集火射击。为此，需要全营同时进行射击。弹药消耗量也相应较高。与直接瞄准射击的坦克炮相比，野战炮进行的是间接瞄准射击。因此，这两种武器有不同的威力，如果协同得好，可以优势互补。

摩托化炮兵在公路上比坦克快，但在战场上的机动性却较差，转移阵地需要大量时间，即使采取交替跃进的方法也是如此。另外，只有在没有敌人且有步兵掩护的情形下，炮兵才能转移阵地。因此，只有在观察条件允许和射击距离足够的条件下，炮兵才能支援单独实施的坦克进攻。为了能够尽可能长时间地利用远程火炮的巨大威力，有必要派炮兵观察员随同坦克行动。

炮兵只有在装备装甲自行火炮后，才能伴随坦克实施纵深突击。作为一种全

---

[1] 赫尔曼·布赖特（Hermanr. Breith, 1892—1964），装甲兵上将，曾任第3装甲军军长。——译者注

履带车辆，自行火炮可以像坦克一样迅速越野行驶。自行火炮的轻薄装甲可以防弹片和步兵火力，它甚至可以在尚被敌人占领的地区随坦克进攻。自行火炮的另一优点是能快速做好射击准备。这主要是因为，炮口朝向行进方向（敌方所在方向），可以从车上射击，而且弹药随时可以拿到。自行火炮的缺点与坦克一样，只能携带数量有限的弹药，而在发动机损坏时，火炮也会失效。不过，这一点在编组炮兵连时就已经被考虑到了，因此，自行火炮连装备 6 门火炮，而不是像普通牵引炮兵连那样装备 4 门火炮。

坦克与炮兵之间协同的最重要原则是，炮兵火力决不能阻碍坦克的前进动力，而且射击方法要适应坦克的进攻速度。在频繁变化的战况下，使炮兵尽量迅速地提供支援是很重要的。这只有在所有问题都已事先协商完毕，并且即使在战斗中也能保证可靠联络时才是可行的。为此需要：

1. 指挥官之间保持密切联系

以便快速口头交涉，互相通报敌情、己方的运动和意图。

2. 用各种方法协调通信联络

目标要图、标定线、信号弹、烟幕弹、无线电频率、代号等。

3. 向装甲连和装甲掷弹兵连及时分配炮兵观察所

在坦克展开时，炮兵连连长应被派往装甲连，炮兵营长、团长与战斗群指挥官在一起，而前进炮兵观察员（V.B.）则被派往装甲掷弹兵连。这是确保根据情况快速支援坦克和装甲掷弹兵的唯一方法。若某观察所暂时退出战斗，单辆坦克也可以协助炮兵射击。在和平时期，各级指挥官已经接受过这方面的专门训练。

4. 简化射击流程

任何复杂的计算都会降低坦克的进攻速度。炮兵连就位后，射击任务必须在几分钟内得到执行，而且必须能够集中其他炮兵连的火力。对弹着点的修正也要采取最简单的形式，即按方位说明，如，"火力只覆盖北半部"或"偏南 300 米"。

5. 相互考虑

炮兵射击时，坦克不允许驶离火炮。炮兵则不允许使弹着点阻碍坦克继续推进。选择目标时要考虑下列原则：坦克指挥官应及时请求炮兵开火；炮兵指挥官则应告知坦克指挥官何时能够开火，或者消灭目标需要多长时间。

炮兵射击数据一览

射程	
105 毫米轻型野战榴弹炮	10—12 千米
150 毫米重型野战榴弹炮	9—13 千米
100 毫米加农炮	14—19 千米
170 毫米加农炮	最远可达 28 千米
射击地段宽度	
4—6 门制轻型野战榴弹炮连	约 120 米
3 连制轻型野战榴弹炮营	约 400 米
4—6 门制重型野战榴弹炮连	约 150 米
烟幕弹射击	
用 12 枚炮弹施放的烟幕可以持续约 12 分钟的时间。如果不进一步供给弹药，一个自行火炮连施放这样的烟幕只能持续约 15 分钟。这种烟幕的宽度约为 300 米。	

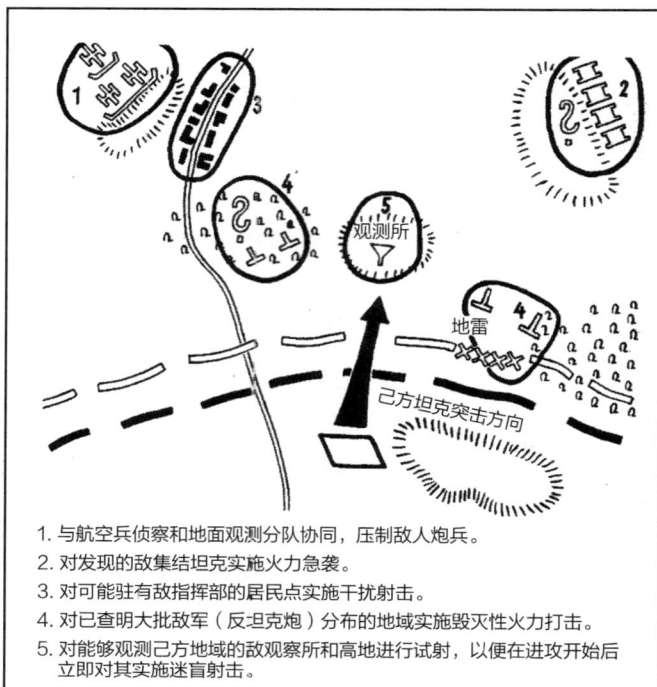

1. 与航空兵侦察和地面观测分队协同，压制敌人炮兵。
2. 对发现的敌集结坦克实施火力急袭。
3. 对可能驻有敌指挥部的居民点实施干扰射击。
4. 对已查明大批敌军（反坦克炮）分布的地域实施毁灭性火力打击。
5. 对能够观测己方地域的敌观察所和高地进行试射，以便在进攻开始后立即对其实施迷盲射击。

炮兵在坦克进攻前的可能任务

火箭炮部队

为了不断提高火力效果，德军从 1935 年起开始组建一支新的炮兵部队。它由最初为应对化学战而设立的"化学烟幕部队"（Nebeltruppe）演变而来。不过，由于无法使用化学毒剂，这支部队就配备了可以发射烟幕弹和爆破弹的火箭发射器。这种发射器的威力在于能对一个区域实施集中和突然的火力急袭，摧毁有生目标。这支部队显然是一个重点使用的兵种（Schwerpunktwaffe），用于粉碎敌人的集结和进攻，因此通常作为满编的旅级单位投入作战。

苏军当时也有一种类似的武器——多管火箭炮（士兵们称其为"斯大林管风琴"）。这种火箭炮在每次火力急袭以后都会立即转移阵地，因此无法对付。

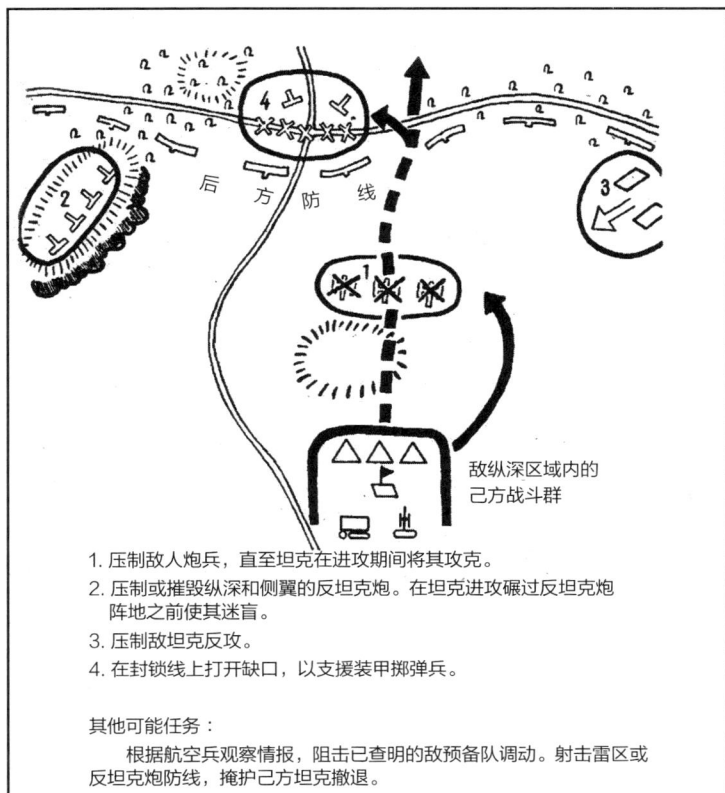

后 方 防 线

敌纵深区域内的
己方战斗群

1. 压制敌人炮兵，直至坦克在进攻期间将其攻克。
2. 压制或摧毁纵深和侧翼的反坦克炮。在坦克进攻碾过反坦克炮
   阵地之前使其迷盲。
3. 压制敌坦克反攻。
4. 在封锁线上打开缺口，以支援装甲掷弹兵。

其他可能任务：
　　根据航空兵观察情报，阻击已查明的敌预备队调动。射击雷区或
反坦克炮防线，掩护己方坦克撤退。

炮兵在坦克进攻期间的可能任务

火箭发射器的巨大优点是：基于火箭原理的简单发射装置和强大的威力，特别能摧残敌人的士气。缺点是弹药消耗量大，而且当时射程有限。

为与坦克协同，专门组建了装甲火箭炮连。各连装备 8 轮轻型装甲汽车，单车一个管座可以同时发射 10 发 150 毫米火箭弹。尤其在进攻居民点或在己方进攻前不久瓦解敌军部队时，这种发射器能提供极大的帮助。坦克必须立刻利用好这种瓦解效果，发起冲击。

在战争过程中，德军的火箭炮部队已经大大增加。战争最末期，它由 20 个前线团、2 个后备团和 2 个教导团组成。然而，这支部队无法取代炮兵，主要是因为火箭炮射程太短。例如，210 毫米火箭炮的射程是 7.8 千米，300 毫米火箭炮的射程是 6.4 千米。诚然，基于火箭原理的远程导弹——V1 和 V2——已经投入使用。然而在当时，这两种导弹仍然需要克服许多困难，特别是在精度方面并不令人满意。

四、与工兵的协同

装甲工兵总是第一线装甲部队的一分子。

——肯普夫

随着摩托化程度的提高，工兵的作用比以前更大了。除了统帅部直属工兵和步兵师属工兵营外，步兵团和侦察营也都编有自己的工兵分队。另外，许多士兵都受过专门的工兵训练。

装甲师内有装甲工兵营。每个装甲营也有自己的工兵分队——工兵勘察排（Erkunder–und Pionierzug）。虽然这样的排不足以完成东线所特别提出的各种任务，但是它在营内提供了非常宝贵的紧急援助，并对师属工兵进行了额外支援。几乎没有一种情况不急需工兵。工兵往往比装甲掷弹兵更能满足坦克的需要，况且他们都受过出色的突击队任务训练。

然而，一旦工兵只乘坐卡车行动，他们就无法满足坦克的所有要求。因此，装甲工兵营不久就编了一个装甲工兵连，首先用于与坦克部队协同。该连最初装备的是轻型坦克，后来装备了装甲运兵车。有了装甲运兵车以后，工兵才能在尚未肃清敌人的地形上跟随坦克，并快速援助坦克。

对工兵的要求时常超出其能力范围。他们的工程器材非常有限。例如，一个装甲工兵连的制式装备只有 40 枚地雷，全工兵营只有 120 枚反坦克地雷和 90 枚反步兵地雷。这些地雷只够在有限的地段上设置雷区（在谷地上、沿着道路和房屋之间的通道上等）。遇上较复杂的任务，就必须为他们补充器材。

工兵总是不够用的。因此，每个装甲兵都必须具备一定的工兵技术知识，以便在必要时提供实际帮助。他还必须知道敌人的工兵对自身坦克的影响。例如，驶过疑似有地雷的地形时，不允许锁上坦克舱门（以免被困住）。

在使用工兵时，每个坦克指挥官都必须牢记，工兵是难以补充的专业人员，而且在战争的最后两年根本就无法补充。然而，巨大的需求往往迫使他们转为步兵作战。这就使他们无法执行更重要的特殊任务。

工兵在行军和进攻中的任务

1. 在坦克火力掩护下清除路障和其他障碍物。

2. 重建、加固或架设桥梁，并使渡口可以通行，以加速坦克推进。

3. 修补公路，特别是修补坦克的补给车辆使用的公路，进行道路支援。

4. 在战场上进行战斗支援，清除天然或人工障碍物（沼泽地、地雷、反坦克壕、地堡），为在难行地形（茂密的灌木丛、葡萄园、狭窄的谷地、陡峭的上坡和下坡）准备实施突袭的坦克创造条件，使其能够突破。

5. 在居民点战斗、森林战和夜战中为坦克提供类似突击队的支援。

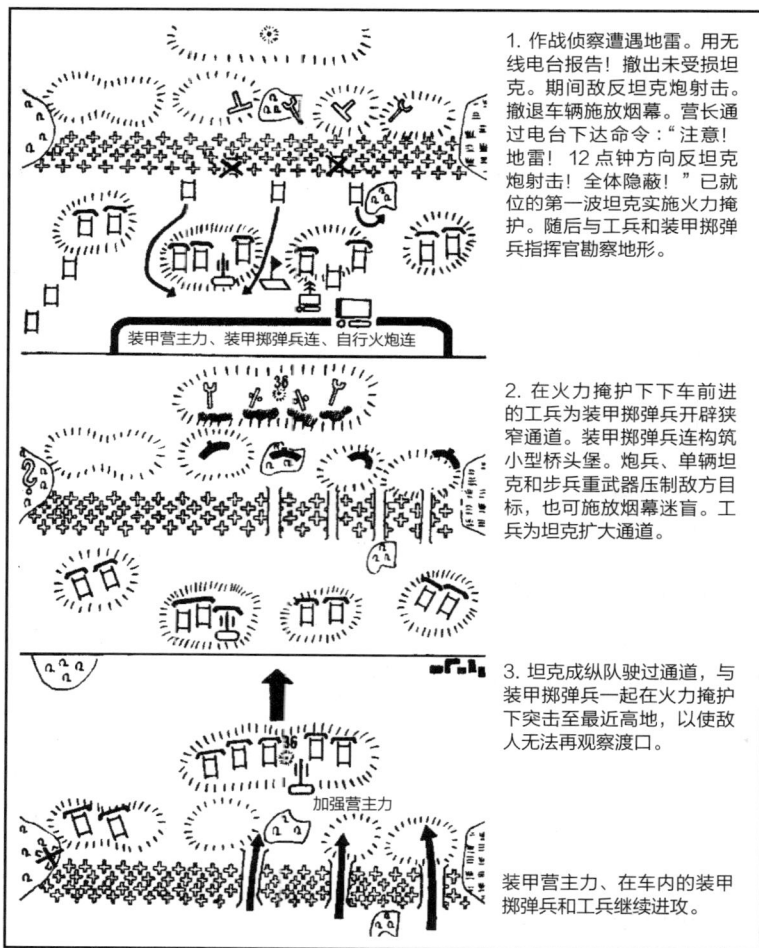

1. 作战侦察遭遇地雷。用无线电台报告！撤出未受损坦克。期间敌反坦克炮射击。撤退车辆施放烟幕。营长通过电台下达命令："注意！地雷！12点钟方向反坦克炮射击！全体隐蔽！"已就位的第一波坦克实施火力掩护。随后与工兵和装甲掷弹兵指挥官勘察地形。

2. 在火力掩护下下车前进的工兵为装甲掷弹兵开辟狭窄通道。装甲掷弹兵连构筑小型桥头堡。炮兵、单辆坦克和步兵重武器压制敌方目标，也可施放烟幕迷盲。工兵为坦克扩大通道。

3. 坦克成纵队驶过通道，与装甲掷弹兵一起在火力掩护下突击至最近高地，以使敌人无法再观察渡口。

装甲营主力、在车内的装甲掷弹兵和工兵继续进攻。

在敌纵深区域通过雷区

行军中，工兵分队在部队先头很远处前进，以便在需要时能立即赶到。坦克部队的尖兵总是要配属一个工兵班或排。其任务是迅速清除路障（鹿砦或地雷），快速清除桥梁上的爆破装置，勘察绕行的可能路线。

进攻中，一个装甲工兵排紧随指挥官坦克前进，以便侦察地雷，以及在不能或不宜绕过雷区时开辟通路。勇敢的工兵们不知多少次以辛勤劳动帮助坦克顺利完成进攻！用技术手段来取代人力排雷的一切尝试都无法得到满意的解决方案。

工兵在防御和退却时的任务

1. 根据障碍物设置计划，布设各种障碍物。该计划要与反坦克防御计划一致。

2. 通过快速设置障碍和近战反坦克进行机动防御。

3. 指导并协助构筑据点和假工事。

4. 为保障补给和抢修坦克而铺设或修补道路。

防御中，工兵的大多数任务带来的都是间接利益。工兵可通过自己的工作拖延敌人的进攻，并可以通过正确布设雷区阻滞敌坦克前进，或将敌坦克诱至便于己方反击的地域。

渡口

构筑渡口是工兵的一项专门业务。东线的许多桥梁都是木质的，桥身基座高、负重量过小，难以帮助坦克通过泛滥的河水。因此，德军坦克通常只有使用工兵架设的军用桥梁才能越过众多的苏联境内河流。在干燥的夏末，在通常非常宽阔的河谷中铺设束柴路往往就足够了。装甲工兵营装备的所谓 K 型器材，可供架设长达 38 米的桥梁。在舟桥纵队中，还有供架设最长 100 米桥梁的器材。由于苏联境内河流未经整治，河岸地形条件大多很复杂，所以架桥要花很长时间。在敌人炸毁一座桥之前，以大胆的突袭占领这座桥就显得更加重要了。在每一处桥梁渡口，严格的交通纪律、加大间距、在发生拥堵时立即分散、渡河后迅速前进都尤为重要。必须无条件遵守工兵的指令。

不幸的是，苏军在快速渡河方面比德军更有优势。他们还使用了能在水下架设的桥梁，这样就不会被空中侦察发现。

五、与航空兵和高射炮兵的协同

空军是装甲部队最为重要的开路先锋。高射炮为装甲部队提供不可或缺的屏障和保护。

——莱因哈特

航空兵

飞机发动机和坦克发动机是兄弟。为获得胜利，坦克迫切需要速度更快的战友。飞机不必担心地形，只需要考虑天气和敌人。

第二次世界大战时，德军航空兵迅速取得了空中优势，不仅能执行战役任务，而且还能直接支援地面作战。航空兵在战争最初几年的巨大胜利中发挥了决定性的作用。

坦克和航空兵的作战行动必须在时间和地点上加以协调。基于这一认识和平时众多联合演习取得的经验，两个兵种在战争初期的协同非常出色。无论是大规模行动，还是小型战斗群的独立任务，都要派出航空兵联络军官（Flivo）。

空中侦察机为坦克作战奠定了重要基础。其侦察情报能够被各装甲团、营以各自的方式分享。

强击航空兵的主要任务是直接支援坦克进攻。航空兵如果通过摧毁地堡、压制反坦克火炮和野战炮兵等方式直接干预地面作战，以及摧毁敌坦克，将会大大加快己方坦克的进攻速度。航空兵也时常用于消灭集结中的敌人和突然出现的预备队，以减轻地面部队的压力。在很长一段时间里，"斯图卡"（Ju-87）编队在众多地面作战的危急情况中提供了最宝贵的支援。

协同坦克部队行动的航空兵起飞前应明确知晓：

1. 预定的作战内容。

2. 坦克进攻的开始时间。

3. 支援坦克的开始时间和时限。

4. 预期的打击目标。

5. 确定可投掷炸弹的明显安全界线。

6. 如果没有采用一般标记，如橙色烟雾信号，需明确地面部队前线的特殊标记。

很难准确地协调坦克进攻和航空兵攻击的时间。为保证同时行动，航空兵联络军官有时要将起飞的时间调后几分钟，直到坦克准备好迎接已经宣布但从未明确的空中支援。天气变坏或敌航空兵的活动有时会导致急需的航空兵支援在最后时刻取消。

在战斗中，航空兵联络军官应不断向航空兵报告地面情况，并导引飞机进攻。正在进攻的坦克的任务是，在敌人恢复抵抗以前，迅速利用空袭的成果。

战争的最后几年，敌人越来越显著地取得了制空权。尤其是在意大利和盟军入侵后的西线，德军航空兵已几乎无法支援坦克进攻。敌战斗机发射的精度极高的火箭弹摧毁了大量德军坦克。敌人通过无线电和空中侦察发现的德军坦克集结区会遭到地毯式轰炸，预定的进攻也随之陷入瘫痪。

苏军在所有的大规模进攻中都使用了航空兵，从而强化其长时间炮火准备的最后阶段。除了零星低速飞机的骚扰之外，至少在夜间可以安静一下。士兵把这些低速飞机称为"跛脚乌鸦"（lahme Krähe）或"讨厌鬼"（Nervensäge），由于它们常常光临，还称之为"值勤士官"（U.v.D，Unteroffizier vom Dienst）。它们的实际危害一般来说是很小的。苏军飞行员害怕德军战斗机。人们一再观察到，敌机只在德军飞机离开后才现身。有经验的士兵知道如何利用这一点。

苏军飞机主要出现在前线地域，而西线敌人的战斗机和战斗轰炸机则会在德军前线后方150千米范围内出现。即使在夜间，部队也不得安宁。因为即使在夜间，持续4分钟的照明弹也能使敌人进行目视侦察，闪光摄影（Blitzlichtaufnahme）则使敌人得以捕捉道路上的部队动向。所以，伪装和高炮防空在任何时候都是必要的。

高射炮兵

随着己方空中劣势的不断增长，装甲兵与高射炮兵的密切协同变得越来越重要。在远征苏联开始时，装甲营的高炮排数量已经不足。高炮排的任务是抵御低空的空袭，主要承担后勤保障分队的对空防御，以至于战斗分队常常得不到防空支援。因此，后来便根据情况抽调师属高炮营的轻型高炮连配属给坦克部队，主要是在坦克执行独立任务时（如构筑桥头堡时）才这样做。实战证明这种协同特别成功。在高射炮火力保护伞下休整或战斗的感觉，显然使坦克能更好地执行任务。

配属的高射炮兵首先要用于防御敌人的空袭，只在特殊情况下用于地面作战。但是由于反坦克武器短缺，不得不越来越频繁地用他们来对付敌人的坦克。高射炮兵在这方面的辉煌战果在本书中另有交代。

总之，从上次战争的经验中可以得出结论：若装甲兵想取得任何超出局部胜利的战绩，那么与航空兵的密切协同和足够、持续的对空防御便是不可或缺的先决条件。

六、装甲战斗群

> 装甲兵速度的关键不仅在于发动机，还在于其指挥官的思想。
>
> ——克吕威尔 [1]

战斗群是诸兵种合成部队，用于执行特定的任务，其历史渊源可追溯至第一次世界大战。那时就已经将重武器配属给步兵团，后来就成为步兵团的建制分队。这就使各兵种之间可以进行更为密切的协同。各骑兵团以同样的方式发展成配备主要支援兵种的作战部队，以至于在最终实现马匹到发动机转变的第二次世界大战中，骑兵仍然可以作为侦察分队顺利投入作战。

第二次世界大战极为特别，它造成了过去在演习中和讲堂上认为难以置信的局面。即使是攻守逆转的作战也不罕见。机动作战与摩托化相结合，更加需要把各兵种按特定目的编成战斗群。

这种战斗群是按计划及早组建，还是在时间压力下直接在战场上组建，区别很大。在前一种情况下，可以在考虑地形和敌情之后，下令为完成特定作战任务分派部队。但在多数情况下，必须迅速把现有的或尚有战斗力的部队收拢起来。这样做有许多弊端。由于车辆型号的多样性，某些可用分队更像是累赘，提供不了真正的帮助。特别是战争接近尾声时，战斗群大多是由武器装备与作战经验迥异的部队组成的杂牌军。每个士兵都知道这些战斗群，它们往往只是一些残部！

坦克特别适合执行战斗群的任务，尤其是当它们得到其他兵种的装甲分队加强时。整个战斗群越野能力相同，便能够在尚被敌人占领的地域进行整体机动。只有一种例外情况，即装甲运兵车、牵引车甚至是坦克充当补给车辆，却无法运输必需的补给品时，战斗群就无法像一般的战斗群那样通行无阻。

战斗群的人数介于加强营和加强团之间。各战斗群的编成差别很大，并且主要取决于任务。例如在追击时，为了清除人工障碍物或通过地形障碍，配属工兵尤为重要。

兵力较少的战斗群——加强连——在需要的时候往往表现突出，但他们缺乏

---

[1]　路德维希·克吕威尔（Ludwig Crüwell, 1892—1958），装甲兵上将，1942年曾任非洲军团司令。——译者注

后勤保障机构，无法在协同时为配属部队提供援助。

在组建战斗群时，要力争使各伴随兵种分队在完成任务后返回原部队。然而，这些分队却常常留在战斗群内好几个星期，有时在那里比在原部队更有家的感觉。这样做的缺点是，一个师变得更分散了，失去了执行更艰巨任务所需的战斗力。

战斗群能否顺利执行任务，在很大程度上取决于指挥官的能力高低。战斗群指挥官通常从上级指挥机构那里领受任务，但执行方式必须完全由他自己决定。大胆而审慎的行动，迅猛而坚定的作风，灵活利用所有可用机会而不等待命令，敏锐的判断力和对时常变化的战况的快速应对，都是取得胜利的至关重要的前提。指挥官的这些品质，再加上所指挥部队的战斗精神和敏捷性，在第二次世界大战中常常取得难以置信的战果。在许多战例中，大胆的小型战斗群扭转了似乎无望的局面。这正好证实了过去士兵中流传的一句话：

时机有利，就要卖力；没有能力，士兵再好，也是无益。

04

战例

一、先头部队的包抄进攻

情况：

仍在向北推进的某装甲师先头部队，在 R 村以南遭到村庄边缘处及其以西森林处的反坦克炮射击。先头坦克停止前进并警戒。

编成：

1 个装甲营、1 个装甲掷弹兵连、1 个装甲工兵排和 1 个摩托化炮兵连。

经过：

1. 先头部队的指挥官命令炮兵连长就位，并派出一个轻型装甲排侦察 R 村以东地域。

2. 侦察发现，森林以东地形未被敌人占领，但不太适合轮式车辆行动。在场的师长得到报告以后，命令坦克包抄进攻，由后方粉碎敌人的抵抗。

3. 这支部队在行军方向主力的掩护下成功从北面向 R 村推进。部队从后方同时消灭了敌人的火炮和作战车辆。

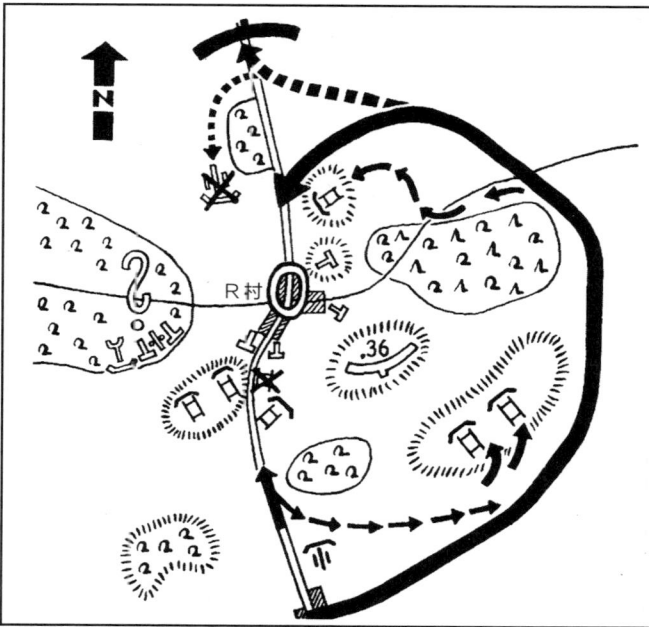

包抄进攻

二、对居民点的进攻

情况：

急速追击之敌已追上向北退却的己方主力。战斗群的任务是确保一个位于重要岔路口的居民点的安全。战斗群在接近时遭到反坦克炮的猛烈射击。

编成：

装甲营营部、3 个装甲连、1 个装甲掷弹兵连、1 个摩托化炮兵连和 1 个装甲工兵排。

经过：

1. 根据侦察报告，树林未被敌人占领。指挥官决心以装甲掷弹兵从树林进攻居民点，大量坦克则在 68 高地牵制敌军。

2. 坦克分队消灭 68 高地上的小股敌军。得到 1 个装甲连和 1 个工兵排增援的装甲掷弹兵在树林中占领了进攻集结区。

3. 坦克分队佯攻居民点。同时，装甲掷弹兵分队向居民点发起进攻。配属给装甲掷弹兵的坦克作为突击炮提供火力支援。

4. 装甲掷弹兵肃清居民点；坦克分队待命，以消灭退却的敌人或者击退增援之敌。

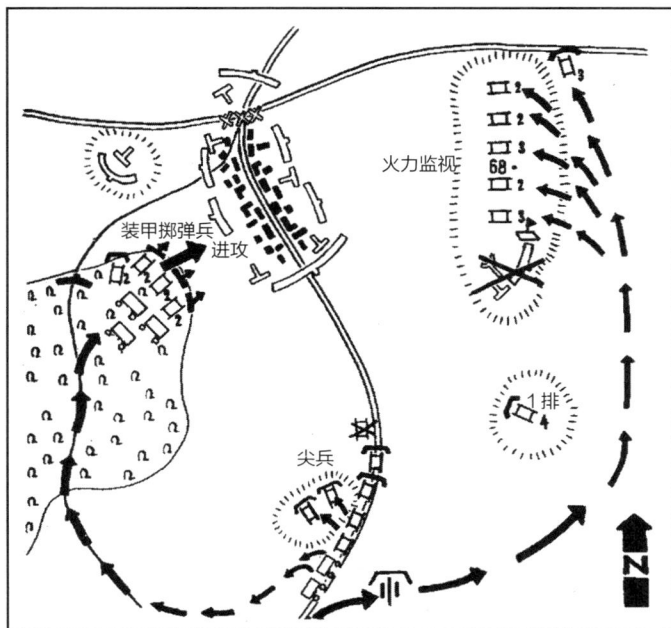

争夺居民点

三、通过障碍物

情况：

先遣营的先头排遭遇有火力防御的雷区后，停止前进并警戒。

编成：

1个装甲掷弹兵营、1个装甲连、1个自行火炮连和1个装甲工兵排。

经过1（迂回）：

1. 先头连由右方开阔地绕过障碍物，以部分兵力占领33高地，压制从那里可以看到的村庄里的敌人，并侦察渡过小河的条件。

2. 自行火炮连掩护先头连机动。

3. 先头连渡过小河。

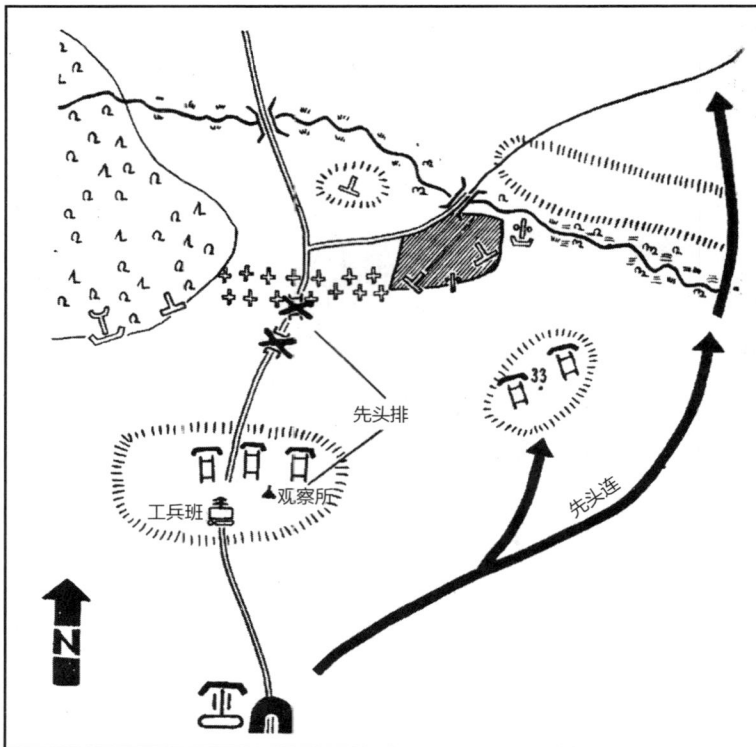

迂回障碍物

4. 整个战斗群跟进，沿原定方向继续推进。

5. 警戒分队跟进。

经过 2（突破）：

1. 先头连企图由右方绕过障碍物，但因敌人猛烈抵抗而失败。指挥官决心突破障碍物。

2. 装甲掷弹兵营消灭树林边缘的小股敌军，下车徒步通过树林，以 1 个连的兵力突袭夺取桥梁，并由后方突入敌人占领的村庄。

3. 自行火炮连支援装甲掷弹兵营的进攻，主要对村庄里的敌人进行射击。

4. 工兵排在坦克火力掩护下沿着道路扫雷。

5. 战斗群继续前进。

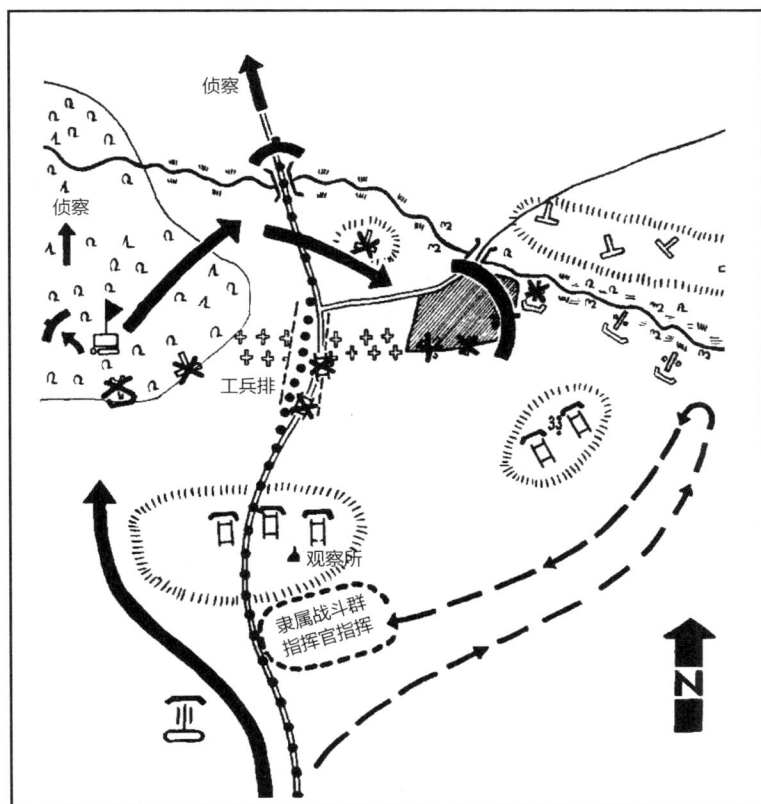

突破障碍物

四、构筑桥头堡

情况：

战斗群的任务是构筑桥头堡，以确保师继续前进。桥梁损坏，居民点被敌人占领。

编成：

装甲掷弹兵团团部、1个装甲营、1个装甲掷弹兵营（乘坐越野载人汽车）、1个装甲掷弹兵连（乘坐装甲运兵车）、1个工兵连、1个自行火炮营和1个高炮连。

经过：

1. 装甲掷弹兵营在炮兵和坦克支援下下车夺取桥梁。首先成功构筑了小型桥头堡（在居民点出口处）。派出人员徒步侦察。

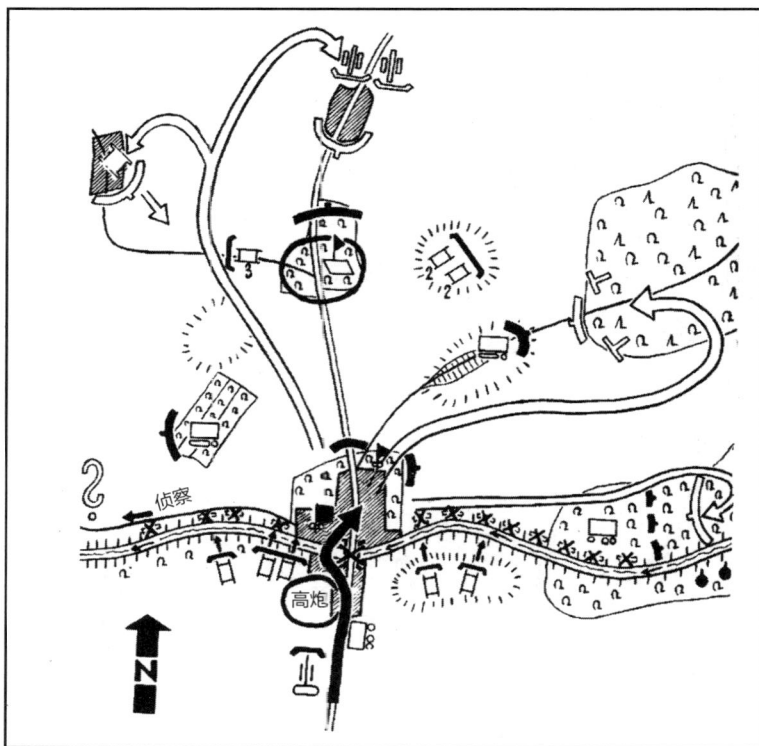

构筑桥头堡的战斗（之一）

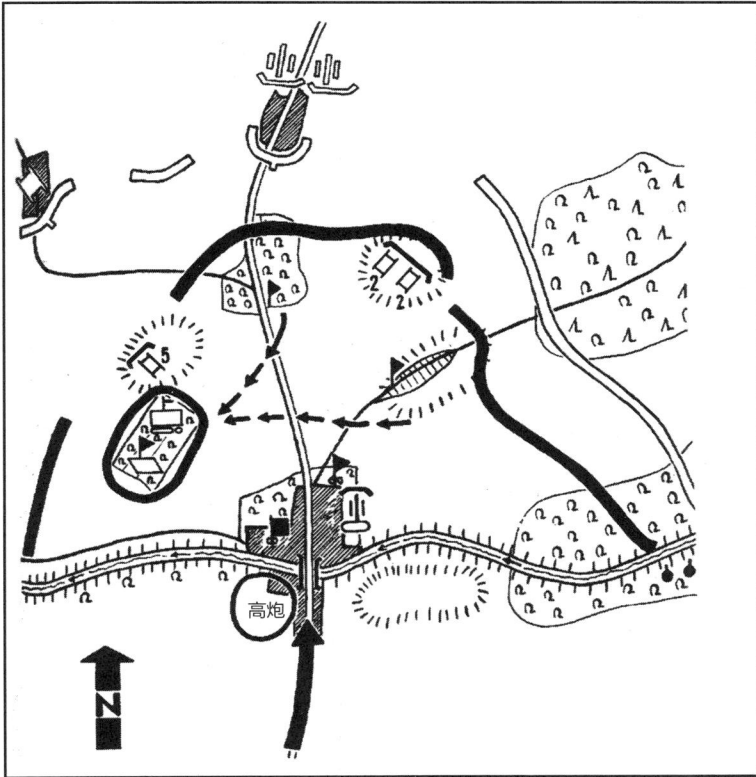

构筑桥头堡的战斗（之二）

2. 一旦工兵利用就便器材使桥梁能够通行履带车辆，坦克和装甲运兵车就会渡河并扩大桥头堡。派出侦察分队！

3. 战斗群遭遇敌人进一步抵抗，转入据点式防御。炮兵以连为单位向北岸转移阵地。

4. 2 个前来增援桥头堡的步兵营抵达。其任务是接替坦克和装甲掷弹兵。

5. 编入预备队的坦克和装甲运兵车在居民点西北的果园内就位。指挥官侦察行动条件。1 个排的坦克始终部署在公路以东，作为步兵的后援。

6. 在更多部队到达并从桥头堡前出后，装甲预备队可作为先头部队继续前进。

五、清除侧翼威胁的行动

情况：

敌人（约1个营）击退我方在Z小河边的小股警戒部队，并占领M村。

战斗群的任务是击退敌人并确保Z小河的安全，从而使向东推进的师免受侧翼威胁。

编成：

营部和2个缺编的装甲连（18辆坦克）、5辆装甲运兵车、1个自行火炮连。

经过：

战斗群展开前出，以占领第一目标59高地。装甲侦察分队遭到高地上的敌方反坦克枪和迫击炮的射击。

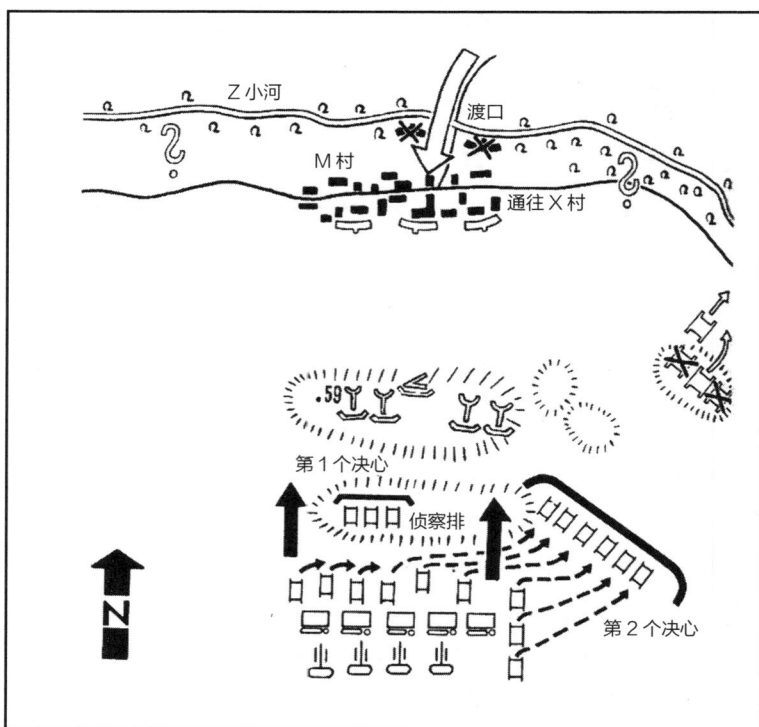

清除侧翼威胁（之一）

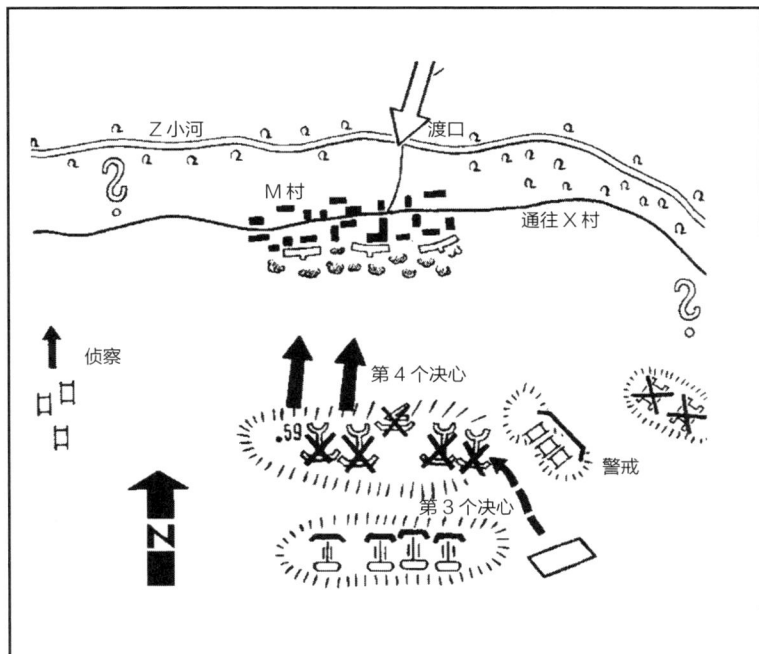

清除侧翼威胁（之二）

第 1 个决心：乘车进攻 59 高地。

敌人数辆坦克突然从东北方出现，对进攻中的战斗群开火。

第 2 个决心：除侦察排外，先集中所有坦克攻击新出现的敌坦克；乘装甲运兵车的掷弹兵留在掩蔽处。

成功击毁 2 辆敌坦克。其余敌坦克撤退。

第 3 个决心：在大部分坦克支援下，装甲掷弹兵粉碎 59 高地之敌的抵抗；一个排的坦克在敌坦克撤退的方向上进行警戒。

59 高地之敌被歼。

第 4 个决心：整个战斗群在业已就位的炮兵连支援下发起进攻。坦克在第一波次，乘坐装甲运兵车的掷弹兵紧随其后。在行进间以各种武器进行猛烈射击后，战斗群接近村庄边缘，继而突入村庄，并以部分兵力立即前出至 Z 小河岸边。坦克警戒河岸，掷弹兵肃清村庄之敌。向东西两翼派出侦察。

六、歼灭一支突破防线、兵力优势极大的装甲部队

情况：

遭受严重打击的我步兵部队不得不退至 M 城以南一线，并奉命扼守此线。

正当步兵部队布置防御时，一支强大的敌装甲部队成功占领了未被破坏的铁路桥，突破了兵力薄弱的防线，并在第一天就向南突入纵深约 40 千米。防线后方各居民点的警戒部队守军兵力薄弱，只能进行微弱的抵抗。此时还没有战斗力强的预备队。因此，必须命令邻近的军级单位的一个战斗群向被突破地段行军。

编成：

1 个配有装甲运兵车的装甲掷弹兵营和 1 个装甲连（10 辆坦克）。

经过：

1. 战斗群指挥官首先来到布防的步兵师，了解情况。他得知，该师与左邻的师之间的突破口宽约 8 千米。到目前为止，已成功阻止突破口继续扩大。防线其他地段都处于坚守中。空中侦察报称，突破之敌的大批车辆正不断通过有高炮掩护的铁路桥。

2. 防守该地段的军的军长打算在预备队抵达后重新封闭突破口。战斗群的任务是向被突破地段推进，并首先阻止敌人后续部队跟进。

3. 第二天，战斗群指挥官在抵达被突破地段前的行进途中就勘察了行动条件。考虑到己方兵力远不如敌，他打算首先消灭当前正在涌入的敌人纵队。这时，有报告称，敌人的先头坦克已越过 B、C 两村附近的地段，并继续接近重要铁路枢纽。因此，必须以最快速度采取行动。

4. 战斗群于夜间出动。成功消灭了一支大型油料运输车队，并封锁了主要道路。

5. 次日晨，步兵由所占阵地对敌暴露的侧翼实施进攻。战斗群实施支援。防线的突破口被成功封闭。

6. 此时，战斗群即可歼灭被分割的敌人。

教训：

一支实现突破的装甲部队确实不该停止前进。但这样做的前提是必须不断获得给养，充足补给尤其应得到保障。尤为重要的是，突破口的两翼必须加以警戒。

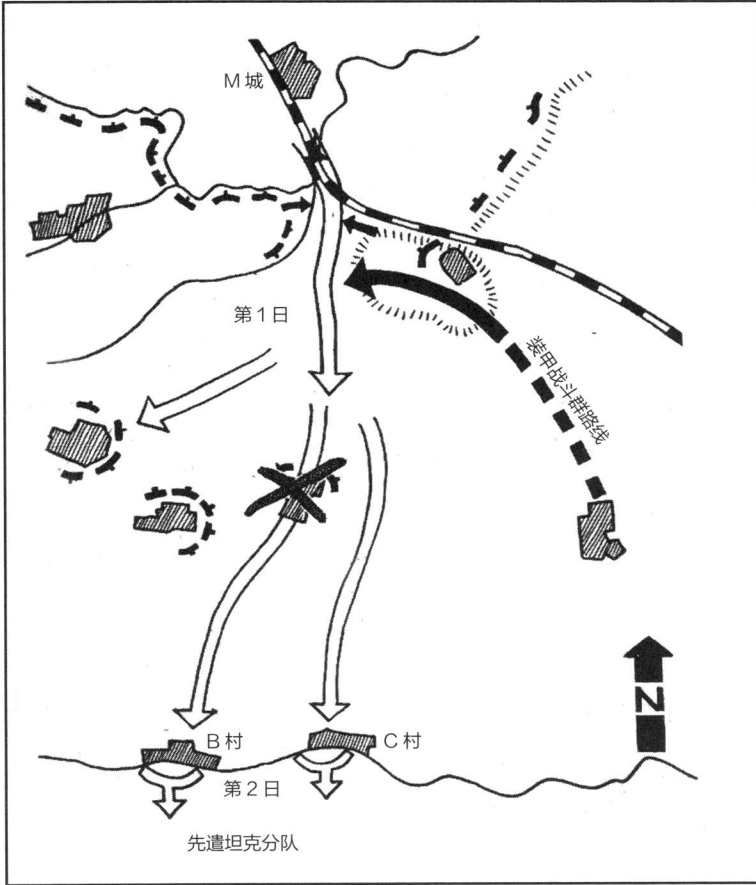

封闭突破口

七、夜间突围

情况：

A 战斗群被优势之敌围困数日，已获准突围。

B 战斗群的任务是以自己的推进援助突围。该战斗群已抵达 L 村，并在 X 小河被优势之敌所阻。在村庄以东可以建立一个小型桥头堡。

（天气：晴朗的夜晚，新月。）

编成：

A 战斗群是一个步兵师的余部（大约 1 个步兵团、1 个炮兵营和 1 个装甲连）。

B 战斗群包括 1 个装甲掷弹兵团、1 个装甲营和 1 个装甲炮兵营。

经过：

1. A 战斗群决心，以一个加强营在主路以东地段突围。一个机动突击群（1 个装甲连、乘坐越野载人汽车的步兵和 1 名前进炮兵观察员）的任务是通过打开的缺口，占领 82 高地，并在高地掩护突围。

2. 午夜过后不久即开始进攻。突围成功。机动突击群前进，未遇敌人抵抗，于 3 时左右抵达 82 高地，就地警戒。

3. B 战斗群的装甲营向北面 73 高地方向前进，以抵御据悉在 75 高地一带集结的敌坦克的进攻。1 个装甲掷弹兵营同时向东扩大桥头堡。

4. 拂晓（5 时），A 战斗群的先头部队与 B 战斗群会合。同时，A 群的后续部队突围。

5. 敌人对 L 村的反击被击退。

6. A 群在各部会合后在 L 村集结；装甲连也来到这里，归装甲营指挥。

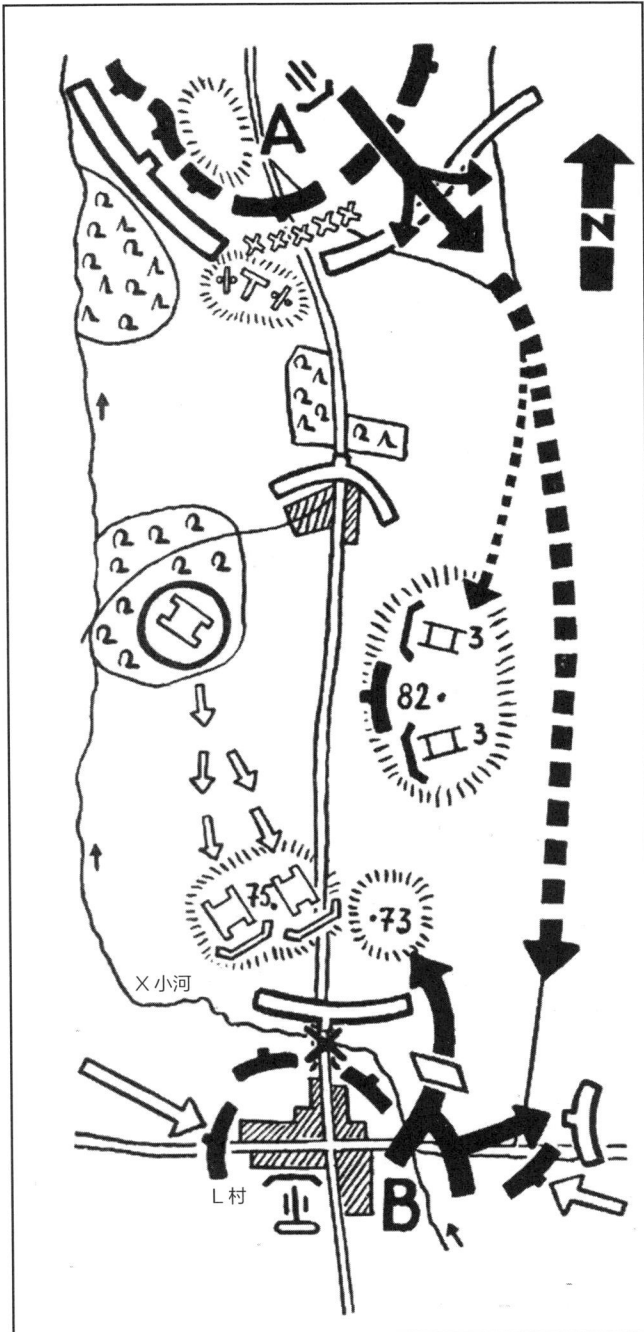

夜间突围

八、在防御中担任预备队的装甲营

情况：

步兵师在 V 小河后方转入防御，当面之敌在空中和地面兵力均占有优势。由于预计会有敌坦克进攻，故将一个装甲营配属该师。该营的任务是，准备在师防御地带内抗击敌坦克冲击。

编成：

1 个装甲营（根据情况得到师属分队的增援）。

经过：

1. 装甲营勘察集结区地形，特别注意了敌坦克可能突击的方向，以及其接近路线的状况和迂回的条件。

2. 由于该师左翼地段的道路难以通行，需要预先向那里派出一个装甲连。其行动只服从该师命令。

3. 装甲营主力位于师部附近（联络条件最优），以便按照师部命令在敌人进攻，特别是敌坦克进攻的地域迅速展开行动。

4. 根据该师反坦克计划，装甲营的行动与炮兵、反坦克兵和工兵的任务相协调。

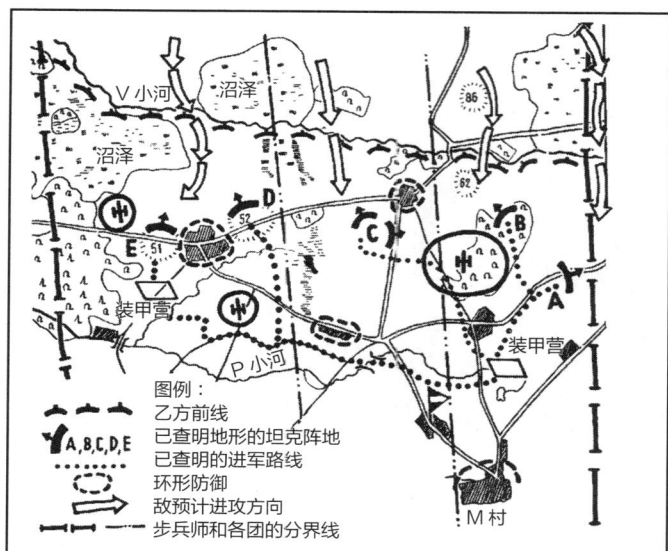

在防御中担任预备队

九、坦克战示例

情况 1：己方坦克纵队在行军中。纵队尾部坦克受到来自侧翼的突然袭击，并与敌坦克展开战斗。

措施：纵队先头的坦克立即转向，进攻敌人侧翼。为此，坦克在道路上一转向就要展开队形。在敌人被歼或逃跑以后，留下警戒部队，重整队形，继续行军。

情况 2：一个加强的装甲营在开阔地形上展开队形推进。敌坦克进攻先头连的侧翼。

措施：被攻击的连队形成防御正面。后方部队包抄进攻敌人侧翼或后方。自行火炮以火力迷盲敌坦克。装甲掷弹兵待命或警戒暴露的侧翼。

情况 3：展开队形推进的己方装甲部队，突然遭到敌坦克的猛烈射击。

措施：由于敌坦克已占领制高点，先头分队应在烟幕掩护下撤退。部队主力则在研判地形后从左面包抄进攻。一旦敌人转入防御，正面其余分队继续沿预定方向冲击敌人侧翼。

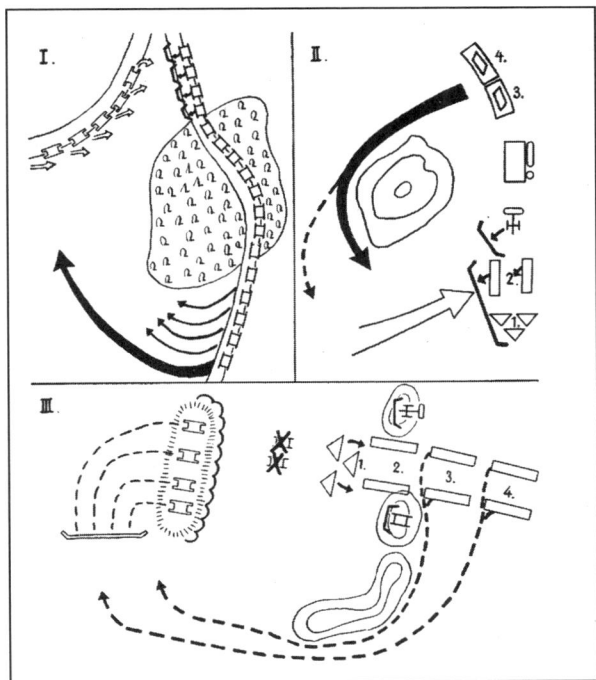

坦克对坦克作战示例

十、坦克与装甲掷弹兵协同进攻

情况：

城市已被敌人占领。守敌兵力不详。战斗群的任务是突破敌人的阵地，夺取重要的铁路桥。

编成：

1个装甲掷弹兵团（2个营），得到1个装甲营和师属炮兵增援。

经过：

两个装甲掷弹兵营并排部署。两个营之间的分界线为铁路。每个营配属1个依靠协同的装甲连。第3个装甲连跟随右翼营，以便在预计能取胜的地点投入作战。

右翼营与坦克密切协同（正确！），迅速前进。装甲连摧毁敌人8门反坦克炮和5辆坦克，自己损失3辆坦克。

支援左翼营的装甲连丢下装甲掷弹兵，位置过于靠前（错误！），陷入敌人雷区，并遭到敌人反坦克炮和野战炮的射击，损失了11辆坦克。为增援该连，不得不派出第3个装甲连，但这个连也陷入雷区，被迫撤退。

至此只得停止整个进攻。

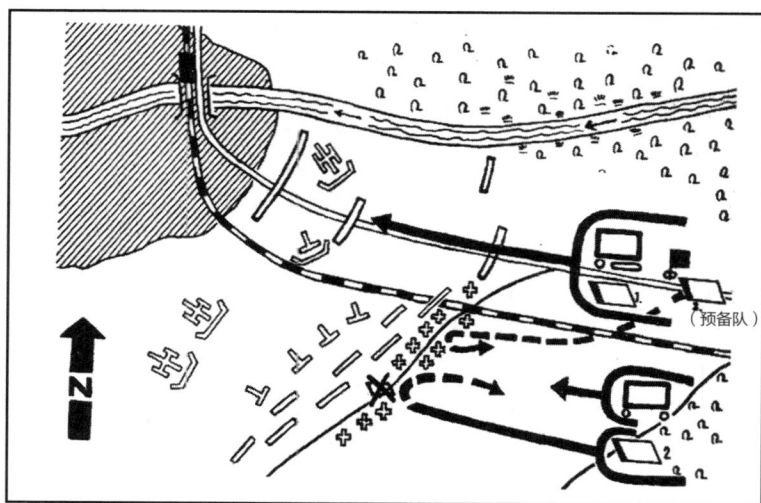

坦克与装甲掷弹兵协同

坦克的今天和明天

一、1945 年以来国外装甲兵的发展

> 我们从自己的经验中能够得出最适用于未来的教益。但由于这种经验始终是有限的，我们也必须利用好他人的经验。
>
> ——毛奇伯爵

战后年代，装甲兵在战役范围内的行动条件没有什么变化。人们公认，只有运动战才符合现代武器的特质。而坦克是运动战中最强大的地面武器，能够突然而迅速地在进攻和追击中形成重点。

另一方面，在战术层面上发生了一些变化。各国军队都力求使坦克与其装甲支援武器更紧密地结合起来。有一种趋势是，组建各类装甲部队时，在不破坏组织架构的情况下，根据形势和地形安排不同的编制。因为所有的装甲车辆都有相同的越野能力，所以安排不同的编制有利于快速形成机动战斗群。

我们的观点已开始被别国军队加以采用。尽管在战时由于技术状况和原料方面的不足，没能彻底实现这些观点，但是我们所取得的战果已证明了它们的正确性。

今天，国外的军事指挥者着重研究两个重要问题：坦克如何防护威力越来越大的反坦克武器并予以反制？战术核武器对未来运用坦克有何影响？

对这些问题的一般观点是：在战场上使用的新式武器，只有生产出足够数量并出其不意地使用时，才能起决定性的作用。对付各种武器的防御性兵器也已经出现。然而，新式武器能否足够迅速地得到研制和大规模生产，以及能否在实践中实现所有预期，取决于许多条件，尤其是取决于人们对新式武器的危险性的及时认识。此外，以往所有武器威力的决定性因素是操作者的个人水平。毕竟技术只是为军人提供武器。它为进攻和防御双方都提供武器。坦克在与各种炮弹的斗争中还没有山穷水尽，双方的斗争在未来还将继续。

战争结束以后，坦克的敌人增加了。尤其是近战反坦克武器的发展得到了推进。随着无后坐力火箭弹速度的提高，其精度也提高了。火箭弹用于远距离射击。可以预料，已能够远程制导的弹丸也会用来对付坦克。[1] 凝固汽油弹，一种黏性油

---

[1] 作者写此书时，还没有反坦克导弹。——译者注

混合物，燃烧时可产生高温，可从车辆或飞机上投掷，能熔化坦克的装甲，从而引爆弹药。凝固汽油弹也增加了反坦克武器的数量。来自空中的威胁也大大增加。

不过，坦克本身也有了一些进展。这里指出以下几点值得注意的改进：

1. 车体降低，目标缩小，从而使其更难被击中。

2. 重量减轻，但采用了功率更大的风冷式发动机，增强了机动性。

3. 炮塔和火炮配以稳定装置，使坦克可以在行进间射击，从而使进攻速度大大提高。

4. 坦克炮口径加大（达 90—120 毫米），从而提高了威力。

5. 履带加宽（达 820 毫米），也更为耐用，使坦克能在难以通行的地形上更好地发挥作用。

6. 更易操作和驾驶，能使驾驶员省力，而且可以原地转向，从而提高机动性。

7. 测距仪与光学瞄准具相配合，可以减少击中远距离目标的时间。

所有这些改进表明，现代的坦克进攻速度和威力都已大大提高。如果再考虑进攻中的炮兵和航空兵支援，那么反坦克防御的任务在今天看来也仍然十分艰巨。

现在，核武器已被添加到常规防御武器中。核武器不是靠弹片，而是靠高压、热浪和放射性射线产生杀伤力。它的杀伤范围要比当前所有炮弹的杀伤半径都大得多。因此，战术原子弹和核榴弹只能用来对付与己方部队相距很远的目标，否则会伤及己方部队。由于核武器的造价极高，它们可能被用作首先打击处于聚拢、集结等状态的密集敌人的"择良机使用的武器"。

坦克似乎最能抵御核武器的威力，因为它是一个封闭的钢铁掩体。迄今为止的试验表明，装甲加上适当的密封和塑形，防护是很可靠的。尽管如此，核武器对坦克行动有很大的影响。因为即便舱门关闭时乘员相对安全，但在就位或休息时，当人员在领取给养、从事技术维护或在发布命令时，核武器也会造成巨大的损失。因此，在任何预计会使用核武器的情况下，都必须采取特别措施，即使对一支装甲部队来说也是如此。首先，部队应以更加松散的队形前进，尽可能缩短所有驻止时间，并始终确保只有部分乘员留在车外。

综上所述，可以认为反坦克防御和核武器的问题还都没有解决，还需要进行一些新的试验和进一步改进，直到彻底弄清它们对坦克的影响。所有军事强国都在继续生产昂贵的坦克和其他装甲武器，这一事实表明，这些国家对装甲兵的重视程度没有改变。

关于装甲兵使用及其技术改进情况的材料如下：

1. 苏联

苏联极为迅速地从其战争经验中得出了结论。最主要的是，它不断增加自身的坦克产量，并将全国划分为5个自给自足的生产区，以保证一些地区遭到严重破坏时其他区仍能继续生产坦克。随着反坦克武器穿甲能力的不断提高以及对地攻击机（Schlachtflieger）的作用不断增长，人们开始怀疑坦克是否还会继续充当运动战中的主要武器。只有一点可以肯定，坦克仍将是最重要的步兵支援兵器。但是，支持坦克的战役价值的人们占了上风。因而装甲兵的数量没有变动，但步兵的数量却减少了。目前，装甲兵和步兵的数量比例是1：2，而过去是1：10。

在苏联军事学院的授课中，装甲师进攻的任务是突破纵深地带，并将战术突破发展为战略突破，随后进行追击。追击时主要使用拥有180辆坦克的机械化步兵师。而装甲师额外编有一个重型装甲团，共240辆坦克。苏军在斯大林格勒第一次使用坦克集团军发动了进攻。1944年，苏军已有6个坦克集团军。不过，这些集团军的兵力只相当于德国拥有的装甲军。后来，在把军改编成师的过程中，改善指挥的观点起到了一定的作用。通过装备水陆两栖坦克和将服役期延长一年，苏军提高了装甲兵的机动性和战斗力。

在技术装备方面，苏联坚持使用久经考验的旧型号坦克，但已有很大改进。除T–34/85外，它还拥有装备86毫米炮的T–43坦克以及装备100毫米坦克炮的T–54坦克。T–54重约36吨，外形对作战极为有利。"斯大林–3"重型坦克的总高度相对较低（2.75米），拥有一门威力巨大的122毫米火炮。

此外，苏军目前正研制一种非常低矮的"蛤蟆坦克"（Krötenpanzer），驾驶员和炮手在车内均采取卧姿。还在大战以前，原德国陆军总参谋长贝克大将也曾提出过类似的设计，用于支援步兵。

在苏军中，SU型无炮塔坦克占有特殊的地位，它大致相当于德军的突击炮。其任务是在战斗中支援密切协同的坦克和步兵部队，通常进行直瞄射击。火炮口径从76毫米到152毫米不等。苏军对用于支援的自行火炮的重视程度似乎较低。而装甲运兵车———一种六轮的敞篷轻型装甲车，在1952年阅兵时第一次出现。不过可以认为还有一些新式车辆没有公之于众。

2. 美国

美国在战后出现了大规模裁军。美军目前装备了一种轻型侦察坦克，即配备 76 毫米火炮的 M41。还有两种中型坦克——M47 和 M48，都装备了 90 毫米火炮和测距仪，大大提高了远程射击的精度。重型坦克 T43 装备 120 毫米炮，重约 60 吨；可能还在测试中。

在发展自行火炮和装甲运兵车方面，美国似乎比苏联有优势。

炮兵装备有 105 毫米自行榴弹炮和 155 毫米自行加农炮。

机械化步兵已经装备了新式装甲运兵车，这是一种防水、全封闭、越野能力很强的全履带车辆。车辆前部装有 1 挺双联机枪，车尾有 2 个门，便于人员快速下车。为机械化步兵装备封闭式车辆的想法，可能是为了防护空袭和核武器。根据这一想法，机械化步兵在投入作战之前应当得到充分的防护。

美军关于使用装甲兵的战役战术思想越来越灵活，不过在贯彻大规模使用坦克的观念之前也不得不为此进行了许多争论。美军装甲师目前被划分为拥有独立营的战斗群，这样便于机动使用各兵种。美军的训练原则强调了迅速决断和各级指挥官灵活指挥的重要性。此外，他们特别重视与其他兵种的协同，这其中往往也包括与小编队航空兵的协同。

3. 英国

英国的装甲兵使用原则与其他国家不完全一致。其装甲师的编制也不同。作为制式坦克，英军装备了各种型号的"百夫长"（又译作"逊邱伦"）中型坦克，它有一门出色的 85 毫米火炮和一个稳定器，可以确保驾驶过程中武器的位置稳定。丹麦、瑞典、荷兰、加拿大、澳大利亚、南非和埃及的陆军也装备了这种车辆。

作为重型坦克，"征服者"因装备一门 120 毫米火炮而闻名。

英军机械化步兵和装甲侦察营都装备了"萨拉森"装甲运兵车，这是一种配备小型炮塔、装有旋转高射机枪的六轮车辆。英军还装备了 76.2 毫米自行反坦克炮和其他自行火炮。

4. 法国

1945 年后，法国与瑞士合作，利用德国的经验，研制了 2 种新型坦克。其一为轻型侦察坦克 AMX–13，重量为 14 吨，配备一门 75 毫米炮，行程较远。在 1956 年以色列和埃及之间的战争中，以色列使用的这种坦克经受了实战考验。其二为 AMX–50 重型坦克，重约 50 吨，装备 100 毫米火炮，它也可以改造为无炮塔的坦克歼击车或步兵战车。法军还装备有 105 毫米和 155 毫米的自行榴弹炮。法军的轻型步兵战车只有 4 吨重，乘员 6 人。还有一种八轮装甲侦察车，装备四联高射炮或 75 毫米坦克炮。

总之，各国坦克炮的口径逐渐趋向统一，在使用装甲兵的原则上也有许多共同点。装甲车辆的数量当然各不相同，但我们可以发现，面对核战争的威胁，各国都在努力增加装甲车辆的数量，同时他们也在推动补给车辆装甲化，以抵御核弹伤害。

每个具有责任感的军人都真诚地希望核武器这种可怕的武器永远不会被使用。

二、新德军装甲兵

> 每场战争都不是从上一场战争结束的地方开始。
>
> ——古德里安

目前正在建设的联邦国防军是一支防御性武装。为了能够随时有效地抵御进攻，防御者必须长期做好战斗准备。在地面兵种中，装甲兵特别适合达成这一目的。它是一把锋利的复仇之剑，可以化解敌人刺来的剑，并迅速追刺。因此，联邦国防军也再度拥有了大批装甲部队。

随着反坦克防御力量的不断增强，只有以尽可能强大的兵力在决定性方向上攻击敌人的薄弱位置，坦克进攻才有可能取得全胜。迅速集中坦克的强大火力和机动灵活地指挥是取胜最重要的前提。但为此必须使用灵活和行动半径大的坦克。它必须能够在防护良好的同时，以远程火炮迅速击中敌坦克。只有结合这些特点，坦克才能在未来战场上保持决定性武器的地位。

德国和外国的经验表明，每一个兵种都依赖另一个兵种，快速的相互支援尤为重要。为了保证各兵种在各种情况下都能密切协同，新德军装甲兵的编制和装备都进行了一些改变。

例如，新的装甲师不再像以前那样编为旅和团，而是编为独立的装甲营和装甲掷弹兵营，这些营可以根据情况进行合并，与师的其他兵种一起投入作战。

除了装甲营和装甲掷弹兵营之外，每个装甲师还下辖自行火炮部队、高射炮兵、装甲侦察兵、坦克歼击兵、通信兵、装甲工兵，另外配属补给部队和一支航空兵分队。一个特殊的改进是，一个装甲师的所有战斗分队都已机械化，具备全地形越野能力，因此能以同样的速度行军，在同样的条件下在战场上共同作战。这实现了我们很久之前的要求。

为了指挥一个装甲师的各分队，装甲师组建了若干战斗群指挥部。一个装甲战斗群通常由1—2个装甲营和装甲掷弹兵营组成，根据情况得到其他兵种的增援。通过配属额外的装甲营，师能够迅速形成或转移进攻重心。例如，在开阔地，可以在第一线集中投入大量坦克，配合作为先头部队突击的战斗群行动。在其他情况下，特别是在隐蔽程度高的地形，更分散的部署方式往往更合适。

为了强调坦克和装甲掷弹兵之间的联系，在和平时期就应该让二者归属同一个战斗群指挥部。这样，他们就有机会进行协同训练，并始终保持极为重要的战友情谊。

装甲兵组织隶属方面的一个新特点是，每个装甲掷弹兵师都下辖一个装甲营，而该师现已完全摩托化。这种隶属关系反映了这样的认识，即装甲掷弹兵在重点方向上的攻击力必须由坦克来加强。

装甲掷弹兵师内的装甲营的任务是迅速摧毁所有阻碍步兵前进的敌方重武器，特别是敌人的坦克。因此，坦克是装甲掷弹兵师进攻时的一个尤为重要的辅助武器。

在防御方面，装甲营是师长手中最强大的反击预备队。即使是配属装甲掷弹兵师使用，坦克的机动性和尽量集中投入作战，仍对取胜具有决定意义。在任何情况下，连都是坦克行动的最小单位。

装甲营编为营部、营部连、4个中型装甲连和补给连。营部连包含了营长的所有指挥资源。它由一个指挥班、参谋人员、侦察机构和装甲工兵组成。装甲连和过去一样，下辖3个排。补给连集中了营级后勤的所有功能。该连下辖一个野战装备排，负责弹药补给以及武器、车辆和器材的维护、修理；一个军需排，负责所有军需事务（军饷、被服、给养）并负责油料供应；以及一个卫生排。在维修、卫生和补给机械化之后，补给连即使在战场上也能为营提供补给。这个重要单位的指挥官是全营最年长的连长，同时也就各类补给事务向营长建言。

总体而言，补给的组织工作已经在许多方面发生了变化。基于德国的战争经验，并根据北约的补给原则进行调整后，部队将只携带最必要的装备，并摆脱一切可能妨碍其机动性的因素。原有的师和上级指挥机关的补给部门，现已在和平时期转变为组织固定的补给部队了。

补给工作要视情况从后方到前线有重点地进行。所有措施都是为了在适当的时间，将适当数量的适当物资送到适当的地点。

飞机在未来也将越来越多地用于补给工作。它往往是突破补给瓶颈的唯一手段。配属装甲师的飞机也可以用于空运补给，同时也有加强师内联络和指挥的任务。

德军装甲兵最初装备的是美国坦克。M47型中型坦克装备一门90毫米炮，M41型轻型坦克装备一门75毫米炮。有了这些初始装备，新装甲兵能够立即开始完整的训练。其他的装甲部队也配备了美式装备。当然，与此同时，武器的自主研发也是可以预见的。

　　装甲兵所有官兵的统一训练和指导由装甲兵学校负责。这里是测试和进一步研发武器装备的地方，也是起草和检验装甲兵条例的地方。起先，作为联邦国防军建设的一部分，装甲营新招募的军官和士官会参加装甲兵学校开设的众多课程，以便为履行共同的军人使命和完成特殊的战术技术任务做准备。后来，装甲兵学校的主要任务是对包括战斗群指挥官在内的各级坦克指挥官进行战术和技术培训，还有进一步完善坦克的作战原则及坦克与其他兵种的协同原则。装甲兵的军校生（Fähnriche）于陆军军官学校完成学业后，在成为军官之前将在装甲兵学校受训成为排长。

　　自 1956 年 4 月以来，新德军装甲兵就是这样组建起来的。它要为确保自由之下的和平服务。愿这支部队始终意识到，只有持续地在思想和实践上检验自身的作战经验和当前通行的原则，才有机会取得作战的胜利（这一点在今天比往日更甚），而只有接近实战的训练才会为此奠定基础！

三、展望

> 恐惧始终是一位糟糕的顾问，而忧虑不是一种世界观。
>
> ——塞克特[①]

坦克是第一次世界大战的产物，它在第二次世界大战中经受了巨大的考验。它成为地面作战中的决定性武器。然而，由于没有满足所有的前提，坦克未能充分发挥其战斗力。最重要的是，它缺少全装甲化的支援兵种。根据这些经验，与坦克协同作战的诸兵种在越野能力和装甲方面需要改进，以适应坦克行动的特点。

在评估坦克的后续发展时，可以得出以下结论：

1. 除骑兵外，原有的诸兵种在未来战争中都需要继续存在，但他们对战略和战术的影响已经在许多方面发生了转变。

2. 时间因素正如在经济生活中一样，在战争中变得特别重要。因此，指挥的灵活性和部队的机动性尤为重要。

3. 核武器和航空兵要求部队在战场和战线后方都分散配置，要求战斗和补给分队在火力上更强大，而其他部队要减少人员数量，加强防护，并提高机动性。

4. 各兵种的协同必须要更加密切和顺畅，从而使小规模部队能够在有限的时间内独立作战。

5. 航空兵是所有进攻部队最重要的助手，因为局部和时间上的空中优势是取得任何重大胜利都不可缺少的先决条件。

6. 步兵仍然是最适于占领和防御一个区域的。只要工事修筑完备，即使敌人使用核武器，步兵也能守住阵地，不会有很大损失。步兵面对最危险的地面对手——敌坦克时，需要不断得到远程和近程反坦克武器的保护。如果步兵必须进攻，那么必须首先由坦克在其他兵种的火力掩护下为其开路。

7. 前线的重要机动必须尽可能在夜间进行。夜间也将更频繁地用于作战（昼夜不间断）。

8. 现代武器的价值和威力需要仰赖极具责任感的士兵。因此，贴近实战的训

---

① 汉斯·冯·塞克特（Hans von Seeckt, 1866—1936），大将，"一战"时曾任第11集团军和"马肯森"集团军群参谋长，1917年任奥斯曼土耳其帝国军总参谋长，1920—1926年任德国陆军总指挥（Chef der Heeresleitung）。——译者注

练必须全面、扎实，同时具有教育意义。

　　总之，鉴于当今科学技术的发展速度，有必要不断重新审视旧战术原则所基于的技术条件。因此，条令、编制和训练方法将比过去更频繁地变化。未来不再可能出现长期的停滞。一切都在不断变化。

　　还在两次世界大战之间，军事专家们就在思考一个问题：战争的决定性因素究竟是人还是装备。但事实总是证明，物质和精神这二者都是必要的。在第二次世界大战之后，物质越来越快地继续其胜利的步伐。然而，归根结底，人仍然是决定性的因素。因为只有人才能够制造更好的武器，把武器用在合适的地方，并勇敢地使用它们。

　　装甲兵的发展进程无法详细预测。但20年前的这句话至今还有同样的意义：

　　我们把坦克看成进攻的主要武器。我们要把这一观点坚持下去，直到技术再给我们带来更好的装备为止。

06

附录

重要的战术符号

装甲师师部

装甲团团部

装甲掷弹兵团团部

装甲营营部

装甲掷弹兵营（摩托化步兵）营部

装甲掷弹兵营（乘装甲运兵车）营部

坦克分队

单辆坦克

乘装甲运兵车的装甲掷弹兵分队

乘越野汽车的装甲掷弹兵分队

工兵分队

机枪

迫击炮

反坦克枪

反坦克炮

步兵炮

榴弹炮

自行榴弹炮

加农炮

高射炮

阵地标记

铁丝网

地雷

单个哨位

基本战术概念

战略（Strategie）：使用武装力量和所有其他战争因素以实现战争目标的理论。

战役（Operation）：指挥和调动大兵团进入作战地域和在作战地域内行动。

战术（Taktik）：在战斗中使用武装力量的理论。

摩托化（Motorisierung）：部队装备机动车辆。摩托化可以是永久的、临时的、部分的或就便的。

机械化（Mechanisierung）：部队主要装备越野能力强的装甲战斗车辆和装甲运输车辆。

集团军群（Heeresgruppe）：整个军队中最大的陆军合成单位（由集团军组成）。组建目的是便于统一指挥，从而实现统一的战役目标。

集团军（Armee）：由两个或数个军编成、统一指挥并拥有独立补给系统的作战单位。统帅部直属部队通常配属或隶属于集团军。装甲集团军主要编有装甲兵团和摩托化兵团。

统帅部直属部队（Heerestruppen）：直接隶属于陆军最高指挥部的特种部队，主要装备为重武器，配属集团军群、集团军或军执行特定战役任务。

军（Armeekorps）：作战指挥机构，按照预定战役需要可下辖两个或数个师。装甲军主要编有装甲师和摩托化师。

师（Division）：陆军中诸主要兵种合成的最小兵团，能够独立作战。根据各自最重要的兵种，师可被称为装甲师、装甲掷弹兵或步兵师。

战斗群（Kampfgruppe）：为执行特定任务临时组建的混编部队。

翼部（Flügel）：正面展开且无依托的作战部队的侧面部分。为保护部队侧翼，翼部可向后收拢。

侧翼（Flanke）：正面展开且无依托的作战部队一侧的地段。

进攻（Angriff）：任何以部队向敌人推进为特征的作战行动。正面进攻的目的是突破敌人防线，击退或牵制敌人。包抄进攻针对的是敌人暴露的侧翼或后方。

重点（Schwerpunkt）：为取得决定性胜利而集中主要作战手段的战斗区域。

进攻地带（Gefechtsstreifen）：为有依托的步兵的进攻行动划定的有边界的地带。

防御（Abwehr）：为对抗进攻方而采取的各种措施的总称。

阵地防御（Verteidigung）：在阵地上对进攻方实施的防御性战斗。

阵地（Stellung）：有部队防守的地形。

地段（Abschnitt）：分配给一支部队进行防御的、由地段边界划定的部分阵地。

火力计划（Feuerplan）：在进攻和防御中各种武器的火力配系的计划。

反攻（Gegenangriff）：从防御阵地发起的有计划的进攻，目标有限，主要是恢复战斗的初始局面。

反击（Gegenstoß）：为迅速清除突入阵地的敌人而动用局部兵力进行的进攻。

侦察（Aufklärung）：为确定敌人情况和查明敌人企图而采取的所有措施。

勘察（Erkundung）：为查明地形条件及其是否适于特定目的而采取的所有措施。

警戒（Sicherung）：为保护部队免受敌人的地面和空中突袭而采取的各种措施的总和。

前卫（Vorhut）：由行军部队派出的作战分队，以高度的战备状态在这支部队之前行进，其目的是防止敌人突袭主力，保证行军的平稳，粉碎敌军薄弱兵力的抵抗和先敌占领重要地形点。

后卫（Nachhut）：部队退却时向敌人方向派出的作战分队，在与敌接触时进行争取时间和空间的拖延战，以保障主力退却或做好战斗准备。

缩略语

步兵	Inf.
冲锋枪	M.Pi.
反坦克炮	Pak
高射炮	Flak
工兵	Pi.
航空兵联络军官	Flivo
机枪	M.G.
连	Kp.
榴弹发射器	GrW.
摩托车	Krad
摩托化	mot.
炮兵	Art.
炮兵连	Battr.
炮兵联络指挥所	A.V.Kdo.
前进炮兵观察员	V.B.
轻型（重型）野战榴弹炮	le.(s.)F.H.
师	Div.
坦克	Pz.
坦克歼击车	Pz.Jäg.
坦克炮	KwK
团	Rgt
营	Btl.
越野的	gel.
载人汽车	Pkw.
载重汽车，卡车	Lkw.
装甲的	gep.
装甲营	Abt.
装甲运兵车	SPW
装甲掷弹兵	Pz.Gren.
自行炮车	SfL

德军装甲部队编制

1943—1944 年装甲师编制

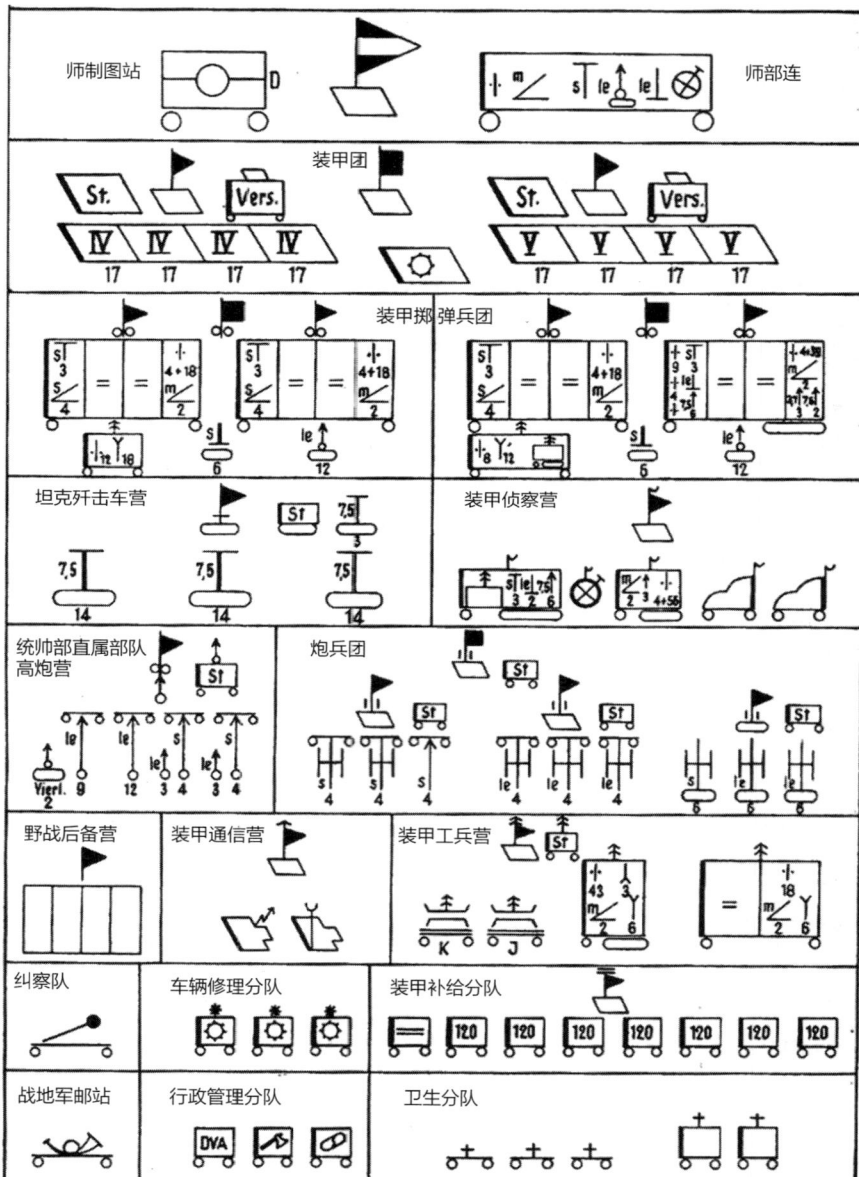

师制图站	师部连

装甲团

装甲掷弹兵团

坦克歼击车营

装甲侦察营

统帅部直属部队高炮营

炮兵团

野战后备营

装甲通信营

装甲工兵营

纠察队

车辆修理分队

装甲补给分队

战地军邮站

行政管理分队

卫生分队

注：m——中型；le——轻型；s——重型；St.——营部连；Vers.——补给连；Vierl.——四联装高射炮

五号坦克（"豹"式坦克）装甲营编制

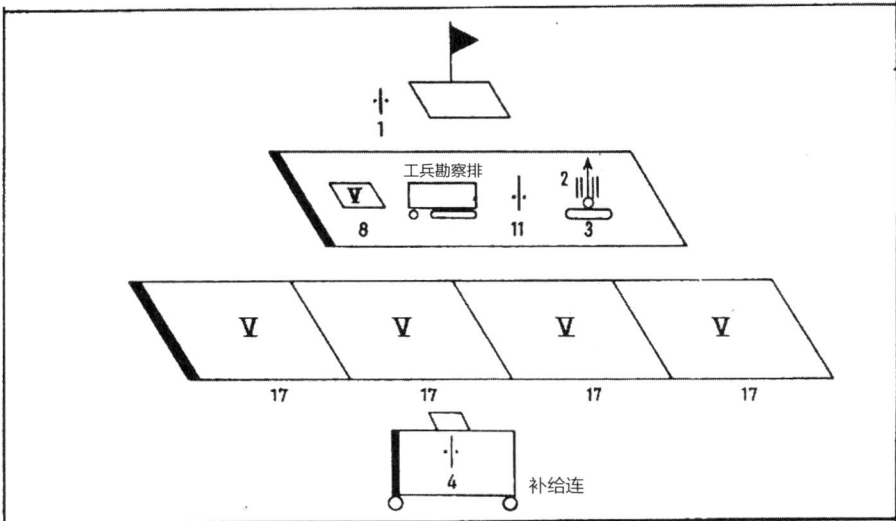

人员	兵 力			
	战斗分队	19 军官	269 士官	283 士兵
	后勤分队	5 "	2 文官 59 "	211 "
	总计	24 "	2 " 328 "	494 " = 848 人
车辆	总计 228	76 坦克 5 装甲运兵车 31 载人汽车	75 卡车 4 两轮摩托车 16 半履带摩托车	1 拖车 12 履带式牵引车 8 "骡"式半履带运输车
武器	数量 类型	76 75毫米42式坦克炮	3 四联装20毫米高射炮	168 机枪	127 冲锋枪	401 手枪	321 卡宾枪

五号坦克装甲连编制

	4排	3排	2排	1排	连部
	预备排，不编坦克	同1排	同1排		

兵力					
人员	军官3人、士官57人、士兵43人，共103人				
车辆	总计 21	坦克17辆、汽车2辆、半履带摩托车2辆			
武器	数量 类型	17 75毫米42式坦克炮	34 机枪	18 冲锋枪	79 手枪	6 卡宾枪

战前装甲兵条令的指导原则

1. 指挥官是以自己的能力、态度和信念使部队服从自己的人。指挥官应与部下共同生活，与他们同甘共苦；他必须找到摸清下属心理的方法，了解他们的感受和想法并永无休止地给予关怀，以争取他们的信任。只有受到部队信任和爱戴的指挥官才能提出严厉无情的要求。指挥部队时纵容姑息的态度总是会造成伤害。

2. 勇于担责是指挥官最出色的品质。但是，指挥官决不能不考虑整体情况而擅自决定。自以为是不能取代服从，机断行事不等于自行其是。

3. 除体能和军事训练以外，士气和意志决定了士兵在战争中的价值。训练士兵的任务也正在于提高士气和锻炼意志。

4. 战友情谊是在任何情况下都能够把部队联系在一起的纽带。每个士兵不仅要对自己负责，而且要对他的战友负责。能者和强者应当引导和指挥经验不足的人和弱者。在此基础上才能产生真正的战友情谊。上下级之间和同级之间都要有这种情谊。

5. 作战需要的是能独立思考和行动的战士，慎重、坚决而勇敢地利用一切战机，并确信胜利取决于每个人。从新兵开始，必须要求士兵们任何时候都自发地付出全部的精力和体力。

6. 始终要努力左右敌人的行动法则。指挥的灵活性，部队的机动性和速度，在难行的地形上高速行进，娴熟的伪装，善于利用地形和黑暗条件，善于出其不意和欺骗敌人，这些都需要专门的训练。

7. 行动果断仍然是战争中的第一要求。不管是高级指挥官还是新兵，每个人都必须始终意识到，渎职和疏漏是比方式选择错误更加严重的错误。

部队的战场训练和指挥

这一节包含了战时在装甲兵学校军官课程上所讲的一些想法。这些内容不仅适用于装甲兵，也适用于其他所有兵种。

接管部队

上次大战期间，部队军官通常必须在很短的时间内，甚至经常在战斗过程中接管一支新的部队。许多情况下，军官从未接触过这支部队。有的时候，他要指挥的部队不属于他所在的兵种。例如，经常需要让坦克歼击车部队的军官和坦克部队的军官调换位置，或者一位装甲兵军官不得不指挥一个充当步兵使用的应急连（Alarmkompanie）。通常无暇对这个新职位进行准备，也无法按正常手续接管指挥。涉事军官突然面临着未知的问题。现在的关键是尽快熟悉新情况，尽快把部队牢牢掌握在手中。要做到这一点，首先要总体了解部队的状况和战斗力，具体包括以下 3 个问题。

1. 人员

每支部队都具有比和平时期更独特的风格。这种风格取决于部队此前的指挥风格、特定的战斗经历、组建时间（例如平时或战时的编制）以及它的现时编成。因此，军官首先要了解以下几点：

（1）部下的平均年龄；

（2）部队及其军官和士官的军事背景（现役，还是预备役）；

（3）部队人员的籍贯和原来的职业；

（4）人员的宗教信仰；

（5）人员的家庭情况，谁有特殊困难，例如经济困难、家乡遭到轰炸等；

（6）部队至今被授予奖励的数量和类型；

（7）职位设置是否恰当，有无空缺。

2. 物资装备

战时，部队编制常常无法与平时编制相符。所在地的战术需要、武器损失和使用缴获的敌方武器，常常会明显改变具体物资情况。因此，必须弄清：

（1）武器、车辆和其他设备的种类、状况和性能；

（2）备件情况和维修能力；

（3）弹药库存，目前短缺状况；

（4）被服、给养情况。

3.健康状况

若一支部队刚刚遭受重大损失，特定的冲击效应可能会在很长一段时间内影响部队的士气。对这些精神因素要特别予以重视。因此，要向医务人员问明以下问题：

（1）到目前为止总的伤亡情况，最后一次伤亡的情况，特别是哪些分队有伤亡；

（2）当前的健康状况，患特殊疾病的情况，如痢疾、黄疸、伤寒等；

（3）可用的药品、医疗设备和车辆的情况。

指挥官掌握了这些材料，就有了评估被接管部队情况的首要依据，继而可以开始检查战术和技术水平。如果指挥官在作战中接管部队，那么通常只要经过战争中的第一次长行军或第一场战斗，就能比长时间训练更容易弄清部队的情况。然而，如果指挥官有幸在战斗间隙接管部队，无论间隙多么短暂，都必须立刻加以利用，可以通过自主发起的演习和参加平日的训练，来获得对部队战斗力的第一印象。在此基础上，才能采取各类措施，进一步巩固和提高战斗力水平。

然而，如果一名顶尖的军官和教官不善于迅速与部队建立适当的内部联系，那么他在战场上也不会有多少建树。在战争的铁血气氛中，慷慨激昂的讲话毫无作用。当然，在初次见面时，这种讲话是必要的，但具有决定性的是部队对新长官个人表现的印象。

当指挥官接管的是装甲营，通常最好与连长们一起去各个宿营地、集结区或警戒阵地，同时了解部队的战术概况。随后，指挥官可以单独会见一些候补军官（Fahnenjunker）、候补士官或其他即将晋升的士兵。为了对他们做出自己的评价，可以命令这些人到营部当几天通信员或警卫员。因为战争可以为尽快了解一个人的真实素质提供与和平时期完全不同的条件。

迅速与上级和友邻单位建立个人联系也很重要。例如，以战友访问的形式与团部或师部的参谋人员交谈，是建立良好联系的最快方式，以后再通电话或写书面报告时，就可以得到关照。

训练

在装甲兵中，众多的技术故障常常导致一个连或一个营的大部分人员到补给连或修理连工作。有时，整个部队在战斗间隙有一个喘息的机会。部队处在战斗间隙或被调到无战事的前线地段时，就要利用这段时间来养精蓄锐和提高战备能力。此时，除了修理车辆和设备外，首先要继续进行训练。战争持续的时间越长，不断提高训练水平就越重要，因为武器的不足只能用提高战斗力来补偿。

只有凭借经验和正确的感受才能判断，在不使部队过度疲劳的情况下，什么才是当时似乎特别有必要和可行的事情。因此，只能做对战争真正重要的事情。例如，对各坦克乘员来说，重要的是增强决断力和对战况的变化迅速反应的能力。此外，训练内容取决于当前的战斗任务、邻近作战地形的特点和即将到来的季节。

在军官训练中，重点是学习指挥，即学习清楚地评判形势、下定决心和下达简练的命令。此外，每名军官还要尽量掌握其他职务的业务，如连长、副官和通信官等，以便始终能接替这些重要职务。

同样，士官不仅要提升本职工作的业务能力，还要参加培养排长、指挥官或后勤人员（Funktioner）的短期培训。另一方面，也要安排后勤人员完成前线勤务。

装甲兵最缺少的专业人员是炮手、驾驶员、中波无线电操作员和坦克技师。训练这些人员需要的时间较长。因此，这类训练必须摆脱当前需求和作战活动的影响。事实证明，就训练专业人员而言，在修理连建立一些小型训练组非常有效。根据情况，所有其他士兵也要反复参加短期训练班，特别是要参加坦克狙击手和卫生员的训练班等。按照惯例，补充的新兵先要被编入师的野战补充营。在那里，他们要在战时条件下为作战做好最后准备。由于师的其他兵种的补充兵也在补充营接受训练，士兵们也可以在那里了解诸兵种协同的原则。

部队要注意研究前次战斗的经验，甚至要利用行军休息和战斗中不长的间歇研究经验。在装甲兵部队中，这些经验常常通过装甲兵总监部的直达途径迅速传达到各部队。

执行奖惩的职责

随着战争的延续，维持部队的纪律和士气变得越来越重要。战时在这方面采用的办法与和平时期不同，因为每个士兵在和平时期除了服役外，还有而且必须有私人生活。只有在战场上，部队指挥官才能真正如字面意义所说与部下密切相处。指挥官手下的坦克乘员，无论在战斗、休息还是进餐时，都是一个集体。指挥官与乘员们共患难、同甘苦。此外，部队指挥官还要完成和平时期必须完成的众多任务，只是完成任务的方式不同：

1. 晋升工作不能拘泥于条框，而且要按照与后备部队不同的原则进行。要根据军人目前的能力和在前线作战的表现晋升。战斗分队的人员优先晋升，文书、后勤等人员的晋升速度可放缓。很容易把在野战医院或留在后备部队的伤员遗忘，因此必须把伤员纳入晋升考量范围，予以照顾。在别的部队需要优秀的人员时，为了全局利益，必须推荐和调出有能力的人员，即使这些人员对本部队十分重要也是如此。

2. 指挥部人员应最后接受奖励。因此，装甲团的最高勋章首先要颁发给各坦克车长。受奖者特别的英勇行为要通报全体人员，以示激励，而且颁奖仪式要隆重。申请奖励的提议要实事求是，清楚地描述事情经过。在奖励上也不能忘记伤员。

3. 休假按部队指挥官亲自审阅的名单进行。只有在特殊情况下，例如适逢圣诞节或有新生儿时，才能让已婚军人优先休假。遇有亲属重病或家庭遭遇较大轰炸破坏时，也可破例给予军人休假。连队的副官和司务长不要与连长同时休假。

4. 被服和给养要根据具体需要发放。例如，如果大衣短缺，就不要发给文书。数量很少的皮大衣是发给哨兵的，其他人只有在需要时才能领到。参战部队可以领到更多的烟草和巧克力，以及黄油而非人造黄油。伤病员也要得到较好的给养，例如牛奶等。

5. 鉴定是一种对军人的例行公事。鉴定书里只应该反映最重要的问题，而忽略一切不言自明和次要的问题。年轻的指挥官往往会做出草率的鉴定。做出否定性的鉴定，特别是否定人格价值的鉴定，必须经过慎重的检查，并核实所有情况，而且还必须口头告知被鉴定人。有时，最好先不要下最后的结论。只有在指挥官已经形成自己的意见以后，才能查阅过去的鉴定。鉴定的方式也可以看出鉴定人自身的水平。

无论在任何情况下，都要在最终决定人的命运前认真地尝试纠正错误。表彰一个表现不好的军人是错误的。但是毕竟人无完人。军人战时的优点在平时并不一定是优点。

6. 惩罚在优秀的前线作战部队中是很少见的。在较长的休整期内，违规违纪现象才会增加。惩罚措施也必须根据情况而定。年轻连长的惩治权是很有限的。遇到复杂而有疑问的案例，最好与师或军的军法处长（Richter）协商。对需要给予惩罚的行为的事实，即使在战场也要调查清楚。任何的惩罚都是为了达到教育目的，不要过几周才执行惩罚。因此，例如在运动战中，关禁闭是不合适的。

7. 尊重他人的宗教信仰是理所当然的事。军队牧师可以随时自由接触部队士兵。有些牧师要随部队前往第一线，在战斗仍在进行时，他们是第一个看望伤员的人。不过，部队指挥官常常也要到阵亡者的露天墓地前诵念最后的主祷文。

8. 关心关爱是每位部队指挥官经常性的、十分重要的责任。这对军队的士气具有决定性的影响，同时也是保持部队战斗力的重要前提。

师通常都建有疗养所，按百分比分配给各部队使用。不过，团和营最好也建立自己的小型休息室，最好建在修理连的区域，因为总有一定数量的人员待在那里。自己组织的小规模演出、音乐会、团队游戏、体育活动及阅读杂志等，是为了驱散战斗的疲劳，使官兵的精神和体力恢复自然的平衡。

对暂时配属的部队要以礼相待。他们应享受到原部队的一切待遇。这样他们就不会辜负对他们的期望。他们到来时，给予热烈欢迎是一种礼貌；离开时，向他们表示感谢则是一种心意。

所有这些措施密切了战友之间的感情，使部队在各条战线上坚持了 5 年多。然而，如果由于无知或无能而没能遵守这些原则，部队的士气很快就会一落千丈。

作战日志原文摘录

下文的报告摘自各坦克部队的作战日志，记载的都是极为典型的情况。收录进本书中旨在形象地说明前面各章的原则。

在行军中

（摘自某装甲连的作战日志，该连在 20 天中行军 980 千米。）

向高加索进军。我们已进行了长途行军。据悉，从 1942 年 7 月 20 日开始休息两天，但我们下午又收到翌日晨继续行军的命令。

7 月 21 日——85 千米

晨 6 时出发。开到师行军道路之前，行进十分迅速。9 时至 13 时，我们都在那里等待。随后成几列纵队继续向南行进，直到抵达 Sk 地以北不远处。我们在空地上过夜。途中村庄甚少。村庄之间数万米都是草原，耕地十分少见。

7 月 22 日——80 千米

3 时，全营继续向南行进，通过 T、N、W、Br 一线。10 时来到新的宿营地。我们将在此休整 48 小时。就连第 2 辎重队也抵达了。

7 月 23、24 日

实际上休息 2 天。检查坦克。全连大吃一顿烤蛋糕和香肠。

7 月 25 日——30 千米

早上 8 时突然出发。我们将渡过顿河。桥梁再次被炸弹炸毁。20 时，我们利用一座浮桥渡河。道路软化严重，我们的轮式车辆不断陷入泥泞，即使用坦克拖也不管用。

7 月 26 日——55 千米

3 时，我们沿着十分泥泞的道路向 K 地行进。中午，再转向南。营的任务是在 N 地占领萨尔河（Sal）上的桥梁。本连留在 2 号牧场担任警戒。

7 月 27 日——30 千米

上午，随全营沿萨尔河向 N 地出发。傍晚渡河。我们在 K 地宿营。对地攻击机从河对岸发起空袭，营部 1 辆卡车焚毁，1 人阵亡。

7 月 28 日——85 千米

2 时 30 分，继续向南行进。起初推进很慢，因为夜间苏军向左翼发动了进攻。随后穿越地形不顺利。连充当先头部队，占领 G 村。可惜没有继续推进。我们的任务是在高地上向南面和东面警戒。

7 月 29 日——90 千米

晨，先向东，后向南行进。连的任务是炸毁斯大林格勒至克拉斯诺格勒（Krasnograd）的铁路线。连完成了任务。期间在 G 地共缴获：5 辆卡车，1 辆汽车，9 辆火车机车，1 列运粮火车，1 列救护火车，1 列由 K 地向东开的、装备了发电设备的火车。又是十分顺利的一仗。

7 月 30 日——45 千米

白天在 G 地警戒。傍晚拉响警报。一列苏军装甲列车开来。7 连在我们前面发起冲击。他们首先靠近列车并将其点燃。我们午夜后才返回。

7 月 31 日——28 千米

16 时，向 Pr 地行进，傍晚前到达。我们据说可以休整 2 天。

8 月 1 日——65 千米

上午，苏军进攻 Pr 地。我连奉命反击，全歼敌军 1 个营，毁敌重机枪和重迫击炮 13 具、轻型坦克若干。下午继续向南行进，渡过马内奇河（Manytsch）。我们在 S 地东南宿营。

8 月 2 日——105 千米

7 时，L 战斗群向南开进。我连作为先头部队行进，赶上了 K 战斗群。我们不停前进，于 17 时到达 Pr 地。苏军逃走。不幸的是，我们燃料耗尽。抓了很多俘虏，缴获 4 门重迫击炮以及数辆卡车。

8 月 3 日

因无油，我们原地未动。抓到很多以小队为单位的苏军俘虏。

8 月 4 日——45 千米

下午继续向南行进。起初，通过了没有树木和灌木的荒凉草原。在少数村庄中只有果树和洋槐。在 D 地以北过夜。

8 月 5 日——40 千米

3 时，继续向 W 地行进。起初是丘陵地带，随后我们爬上一个高坡。又是广阔的草原，没有树木。上午我们已达 W 地。10 连和营长向南 15 千米执行警戒。

8月6日——15千米

上午，我连也向南行进担任警戒，同时庆祝营长生日。这里风景和图林根一样美丽，但是完全不适合作战……该地区仍有苏军出没，但他们业已厌战。

8月7日——57千米

下午突然出发。我们沿坦克难以通行的道路行至山前地带，前往库班的 B-K 地区。苏军飞机的零星袭击未果。

8月8日——73千米

6时，已做好行军准备。但我们10时才出发，因我连几乎排在师的队尾。师的任务是开到 Pj 地。直到傍晚，行军都是走走停停。只走了几千米。天气炎热，四周既无树木也无灌木。直到天黑我们才赶到了 K 地，这天夜里我连担任警戒。只遇到过小股敌军。未发现敌方或己方的飞机。

8月9日——52千米

上午，连部和我连继续向南行进。7连留下警戒 K 地。这使营的队伍拉开了150千米的距离。由 W 地开始，我们将在现实中不存在的道路上向前行驶。途中，我们的桶车遇到了全副武装的苏军，不过还是设法俘虏了他们。我们连绕道回到了 St 地，与当地的连队会合，并在此担任警戒。由于苏军以各种武器进行射击，3辆坦克傍晚奉命向 W 地推进，击毁了5门反坦克炮。苏军于是销声匿迹。晚上，该地和整条公路都被放弃。我们前往 St 地并担任警戒。我们在那里第一次看到了厄尔布鲁士山（Elbrus，高加索山脉的最高峰，海拔5628米）。

先遣分队的突袭

关于1941年10月18日向 M 地推进、占领 Pr 河桥梁和在 W 地东北部构筑桥头堡的报告

师下达给装甲团的任务：

向 M 地派出由 X 中尉指挥的先遣营，支援 Y 步兵团沿公路左右两侧的进攻。

先遣分队的任务：

在 M 城当面的小河边构筑一个桥头堡。由于第一次进攻已经失败，必须考虑到桥梁被炸毁和雷区。任务完成后，以装甲团为先头部队的师的意图是，若情况允许即夺取 M 城和它东北9千米处的 Pr 区。

命令先遣分队于 7 时出发。

编成：

尖兵排——1 连的 5 辆三号坦克组成，指挥官是 M 少尉。

主力——3 连的 4 辆四号坦克，由 R 少尉指挥；1 连其余各排以及第 2 坦克歼击营第 3 连。由 D 中尉指挥。

先遣分队尾部——S 少尉指挥 2 辆四号坦克；J 少尉指挥 2 辆三号坦克和分队的轻装排。Pl. 中士率装甲工兵部署在尖兵排之后。

经过：

6 时 15 分，进入集结区。下达命令时团长在场。他再次与先遣分队指挥官研究了执行任务的方法，并下达了最后的指示。

7 时 01 分，N 中士率第一辆坦克出发。未遇特别抵抗即到达了第一座桥，并以很快的速度过了桥。J 少尉率本排警戒桥梁，直到团主力到达。到处都是敌人的车辆。苏军散兵出现在树林边缘。

突然间，尖长的喷射火焰从左右两边射向尖兵排。有 20—30 具安在路基上的火焰喷射器分散在前进道路上。驾驶员已经什么也看不见，在作战地域可以清楚地感受到高温。尖兵加快速度坚决前进，整个先遣分队紧随其后。配置在狭窄地带内的火焰喷射器被摧毁。因火烧而受到损失的只有坦克歼击车。

继续加速前进的尖兵在途中随时都能遇到苏军、马车和卡车，这些车辆试图向地形的左右两侧逃遁。然而，尖兵已经到达并占领了 T 地的桥梁。7 时 15 分，先遣分队就向团长报告，已在 T 地建立了桥头堡，从而完成了第一项任务。

团长命令："扼守既占阵地，待团主力到达。"停下来后，发现一辆四号坦克在火焰喷射器的攻击中因散热器熔化而受损。这辆坦克不能参加后续的推进了。

先遣分队的先头坦克对敌军的车队、步兵和卡车进行准确射击。有零星的炮弹落在我们的坦克之间爆炸。

7 时 30 分，坦克侦察机出现在上空。先遣分队通过它了解到，敌人的纵队正从 M 城东北方向向 Pr 渡口前进。由于炮火加强，先遣分队数次请求允许继续前进。约 8 时 30 分接到命令："继续前进，占领 Pr 桥，建立桥头堡。"

在此期间，分队指挥官已经带 3 连抵达尖兵所在地，与尖兵排长简要协商了下一步的行动方案。尖兵出发，但只过了 1 分钟就停在 M 城入口处的反坦克障碍物前。尖兵排进行了火力掩护。这时先遣分队指挥官和 Pl. 中士步行赶到障碍物前，并排除了第一道铁丝网障碍物，其他坦克的车长和无线电员与装甲工兵合作清理道路。尖兵继续前进。虽然有敌人用手枪和步枪射击，但没有任何人受伤。

当我连成双列纵队通过该城时，发现全城空无人烟。一枪未发！尖兵接近该城出口。他们遇到几辆汽车和卡车，车上的人或逃跑，或被击毙。连队队尾到城郊之后加快了速度。因为只有出其不意才能使先遣分队取得在这次推进中必须取得的胜利。X 中尉看到了航空照片，Pr 河北岸有坚固工事。因此，他不断催促部队快速前进。先遣分队开始了一场真正的狩猎，目标是占领 Pr 河桥梁。

敌军纵队映入眼帘！尖兵已于始高速接近并猛烈开火，直接插入敌纵队中。在桥畔占领有利阵地的一门火炮和数门反坦克炮开火了。它们向我方第一批坦克猛烈射击，但未能击中。我方坦克在行进中即以火力压制了这些火炮，将敌炮手击溃。

苏军惊慌失措。他们纷纷逃散。卡车开到开阔地上，其他车辆准备向莫斯科遁逃。但他们都在我军追赶中被击中或碾压。火炮、马车（Panjewagen）、卡车和牵引车横七竖八，混乱地塞满了公路。尖兵毫无畏惧地继续前进，因为他们的任务是："不要停留，我们必须占领这座桥！"

不断前进。即便敌军纵队迎面开来，也会被全部消灭。已经看到桥梁了！这是一座双层木桥。桥的上下已有苏军爆破组在紧张工作。

这时，一大群牛开始平静过桥。但身为先头坦克车长的 N 中士明白该怎么做。桥梁随时都可能被炸毁。他不顾一切地让坦克冲入牛群。履带碾过了牛群、苏军马匹和马车。坦克随之驶过了近在眼前的桥梁并将其占领。

所幸苏军在 Pr 河东北岸的工事上没有架设火炮。因此，在这次出其不意的突击中，我们成功占领了对岸，并在前方高地上构筑了阵地。一个排留下来掩护桥上的 Pl. 中士，以便他拆除导火索和炸药。这次突击共击毁 4 门反坦克炮、5 门野战炮、数具火焰喷射器，以及大量机枪、卡车、牵引车和马车。

占领未遭损坏的桥梁后，师得以继续沿公路向东北前进。我方未受损失。

充当预备队

（摘自某装甲连的战报）

兵力：军官 2 人、士官 24 人、士兵 73 人。

坦克数量：二号坦克1辆、长身管三号坦克6辆、短身管三号坦克7辆、长身管四号坦克1辆、短身管四号坦克1辆，共有16辆。

装甲连位于D地南部，配属E步兵营充当预备队。8时30分，敌以大炮和迫击炮对村庄进行猛烈射击。一个半小时后，苏军约2个团兵力由东南方向（集体农庄）发起进攻。装甲连的所有坦克在村郊占据了射击阵地。苏军以密集队形实施进攻，在机枪火力和高爆弹射击下伤亡惨重。其先头分队开到村南的公路上。敌人在此停止了攻击。敌人完善了阵地工事，调来了预备队和重武器，但在我们的火力下遭受了进一步的损失。

11时45分，装甲连遵照营长命令，协同一个装甲掷弹兵连进行反击。K排直接配属该掷弹兵连，在公路以南向东开始反击。装甲连（欠K排）以F排和S排由村庄南部实施突击，穿过公路，而后再转向东。冒着猛烈的炮兵、反坦克炮和反坦克枪射击，装甲连将敌人击退了约800米，先头坦克向集体农庄推进了约400米。

由于任务已经完成，装甲连在交叉火力掩护下，特别是在重型装甲排的掩护下，退到公路一线。S中士和Kl.下士阵亡。F排的一辆坦克退却时陷入一个散兵坑。排长令修理车（Gruppenfahrzeug）将其拖出。在救援过程中，K下士头部中弹阵亡！由于炮火猛烈，而且该排已遭受了损失，连长即令乘员撤离坦克。他打算等天黑后再抢救坦克。但排长自主决定先不撤离，用自己的坦克去拖救淤陷的坦克。随后，全连即回到集结区，在D村南边担任警戒。

伤亡情况：1名排长和2名车长阵亡；排长坦克的1名装填手负伤。

车辆损失：1辆长身管四号坦克、2辆长身管三号坦克；还有许多坦克的履带被反坦克炮击坏。

在苏联度过第一个冬天的某装甲团

（作战日志摘录）

1941年9月18日

阴天，凉爽，夜间微寒。

1941年9月23日

几场阵雨。

1941 年 9 月 28 日

雨，有阵雪。

1941 年 9 月 29 日

走出深谷的道路由于下雨而变得泥泞，造成了长时间的停留，因为每辆卡车都要坦克牵引。

1941 年 10 月 4 日

阵雨，强劲的西北风。制式卡车通过 7 千米的地段耗费了近 6 个小时。

1941 年 10 月 7 日

午夜出现猛烈暴风雪，短时间内这个地区就进入了冬天。同时，勘察好的绕行路变成了沼泽地，因此每辆卡车都必须由坦克牵引。先头坦克经 22 个小时的行军，于 5 时抵达奥廖尔（Orel），汽油完全耗尽。

1941 年 10 月 8 日

冰雪融化，雨。

1941 年 10 月 12 日

小雪。

1941 年 10 月 14、15 日

雨。

1941 年 10 月 19 日

阴雨连绵。计划中的进攻无限期延后。

1941 年 10 月 20 日

夹杂着暴雨的连绵阴雨使道路越来越不平坦。此前运送补给的道路，轮式车辆已无法通行，只能通行履带式牵引车。因此，师长禁止使用这条道路。

1941 年 10 月 23 日

奉命只以履带式车辆继续实施进攻。部分坦克用于运送油料。

1941 年 10 月 26 日 [1]

又下了暴雨，主要道路的某些路段也已不能通行。团长乘指挥坦克（否则寸

---

① 原文为20日，据俄文版改为26日。——译者注

步难行）开向后方，以便能迅速弄到油料。

1941 年 10 月 29 日

寒冷，无云。

1941 年 10 月 30 日

又下起雨。

1941 年 11 月 3 日

晴，寒冷。

1941 年 11 月 10 日

冰雪融化。

1941 年 11 月 11 日。

严寒。所有汽车和卡车的燃油管都被冻结。这几天都是由容克运输机中队运送坦克油料，因为即使是坦克也会陷在泥坑里。

1941 年 11 月 13 日

零下 23 摄氏度。地面结冰。

1941 年 11 月 17 日

坦克喷上了白色涂装。

1941 年 11 月 18 日

步兵已能从冰面上进攻，坦克还不行。

1941 年 12 月 1 日

晴，东风凛冽，温度继续降低。

1942 年 1 月 4 日

集团军命令从坦克乘员中选一批人编成一个步兵营，由团长指挥。必须先弄到马匹和雪橇。该营共 678 人。团的其余人员通过位于 90 千米外的中转站保障该营的补给。

1942 年 1 月 8 日

修理间尽管有暖气，室温也在零下 18 摄氏度。

1942 年 1 月 31 日

由于积雪太厚，步兵营的补给非常困难。必需的补给由履带式牵引车运往前线。最后一段路只允许矮马拉的单驾马车通过。

德国国防军装甲车辆技术数据一览

型号		武器	装甲厚度（毫米）前部	装甲厚度（毫米）侧部	重量（吨）	速度（千米/时）	每100千米消耗油料（升）
坦克	一号坦克	2挺MG13机枪	15	15	5.5	20	145
	二号坦克	20毫米坦克炮，1挺机枪	15	15	8.9	40	200
	三号坦克（旧型）	37或50毫米坦克炮，2—3挺机枪	30	30	21.3	32	227
	三号坦克（新型）	50毫米长身管坦克炮或75毫米短身管坦克炮，2挺机枪	50	30	24	32	318
	四号坦克	75毫米长身管或短身管坦克炮，2挺机枪	30	15—20	22—24	32	477
	五号坦克（"豹"式）	75毫米长身管坦克炮，1—2挺机枪	80—110	40—45	50	54	732
	六号A坦克（"虎"式）	88毫米坦克炮，2挺机枪	60—102	60—82	62	37	569
	六号B坦克（"虎王"）	88毫米长身管坦克炮，1挺机枪	150	80	75	34	864
坦克歼击车	38T坦克歼击车	75毫米反坦克炮，1挺机枪	60	20	17	37	320
	四号坦克歼击车	75毫米反坦克炮，1挺机枪	75	30	25.7	32	472
	四号坦克歼击车	75毫米坦克炮，1挺机枪	80	30	26.6	35	472
	五号坦克歼击车（"猎豹"）	88毫米反坦克炮，1挺机枪	80	40—45	51.5	35	700
	六号坦克歼击车（"猎虎"）	128毫米反坦克炮，1挺机枪	100	80	70	35	—
	"象"式坦克歼击车	88毫米反坦克炮，1挺机枪	102—200	82	72.7	20	1100
突击炮	三号突击炮	75毫米加农炮	30—50	30	25.7	35	310
	三号突击炮	105毫米榴弹炮	80	30	25.7	35	310
	四号突击炮	75毫米加农炮或150毫米榴弹炮	50—80	30	25.7	35	310
	六号突击炮（"突击虎"）	380毫米臼炮	—	—	—	—	—

型号		武器	装甲厚度（毫米）前部	装甲厚度（毫米）侧部	重量（吨）	速度（千米/时）	每100千米消耗油料（升）
防空战车（Flakpanzer）	二号防空战车	20毫米高射炮	50	30	-	40	200
	三号防空战车"球状闪电"（只有试验型）	双联30毫米高射炮	-	-	-	-	-
	四号防空战车	37毫米高射炮	30	30	26.8	32	477
自行步兵炮、自行火炮、自行反坦克炮		150毫米自行步兵炮	35	15	12.3	40	200
	"黄蜂"	105毫米自行榴弹炮	10—30	10—15	12.5	40	168
	"野蜂"	150毫米自行榴弹炮	10—50	10—30	24.6	40	470
	"黄鼠狼"	75毫米自行反坦克炮	10—35	10—15	11.6	40	200
	"犀牛"	88毫米自行反坦克炮	10—30	10—22	26.3	40	-
装甲运兵车	轻型装甲运兵车	1—2挺机枪，或37毫米反坦克炮，或20毫米高射炮，或80毫米迫击炮，或75毫米坦克炮	6—15	8	5	80	140
	中型装甲运兵车	武器与轻型装甲运兵车相同，此外有280毫米发射架式火箭炮或150毫米装甲迫击炮	6—15	8	7.7	50	160
装甲侦察车	轻型装甲侦察车（4轮或半履带式）	20毫米坦克炮，1挺机枪	8	8	6	80	100
	重型装甲侦察车（6轮）	20毫米坦克炮，1挺机枪	14	8	5.75	80	90
	重型装甲侦察车（8轮）	50或75毫米坦克炮，1挺机枪	30	10	12.2	80	240
特种坦克	喷火坦克	2具火焰喷射器，1挺机枪	15	15	12.6	50	200

装备 50 毫米坦克炮的三号坦克

装备 75 毫米坦克炮和装甲护裙板的四号坦克

装备75毫米坦克炮的五号"豹"式坦克

装备88毫米坦克炮的六号 A "虎"式坦克

装备 88 毫米坦克炮的六号 B "虎王" 坦克

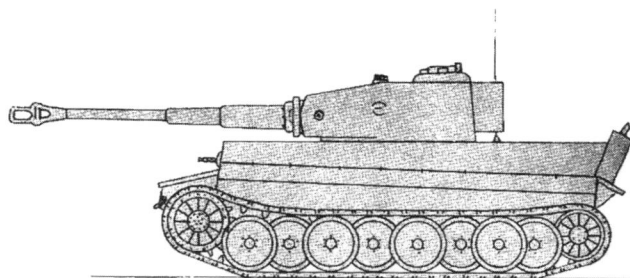

装备 88 毫米坦克炮的六号 A "虎" 式坦克

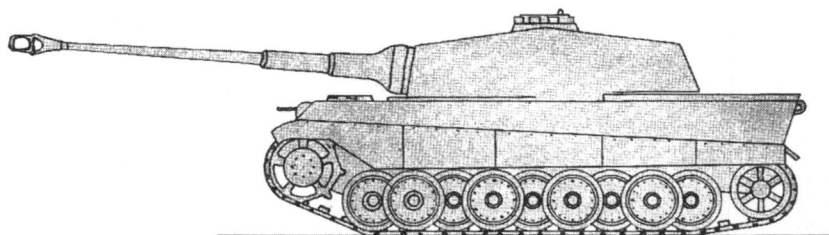

装备 88 毫米坦克炮的六号 B "虎王" 坦克

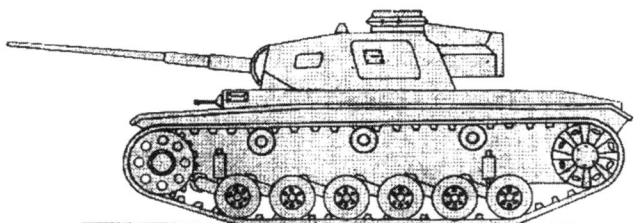

装备 50 毫米坦克炮的三号坦克

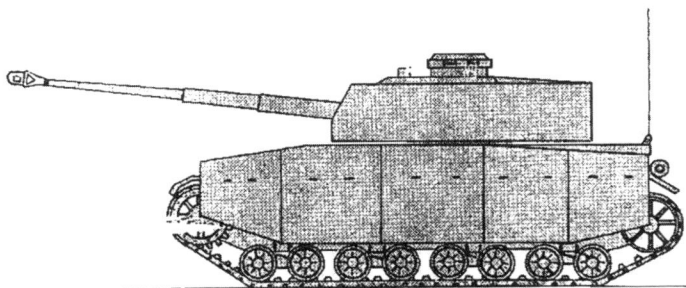

装备 75 毫米坦克炮的四号坦克

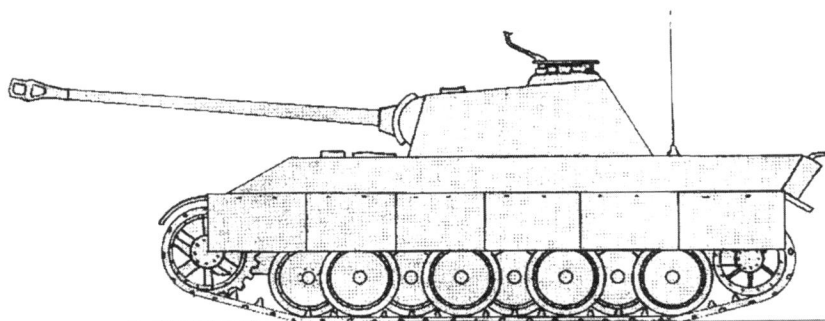

装备 75 毫米坦克炮的五号"豹"式坦克

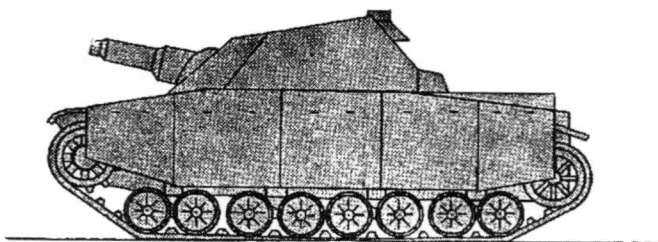

装备 150 毫米 StuH 43 型火炮的四号突击坦克

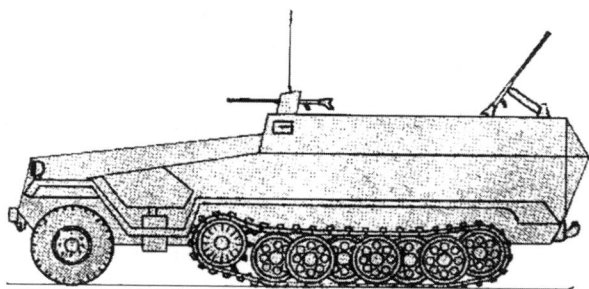

中型半履带装甲运兵车

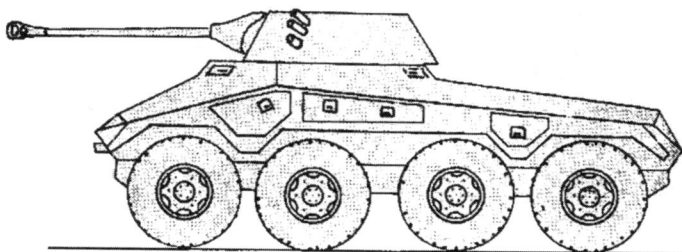

装备 50 毫米坦克炮的重型装甲侦察车

坦克乘员探出身来观察前方情况

一辆Ⅳ号坦克与一支步兵部队一起前进

配备了75毫米长身管火炮的Ⅲ号突击炮

在顿河上架桥的德军工兵

盟军在北非战场上缴获的德军坦克

1941年西迪拉杰格战役后，留在战场上的Ⅲ号坦克

库尔斯克战役中的"虎"式坦克

"虎王"坦克，1944 年 12 月被美军缴获

"虎"式坦克在突尼斯

"虎"式坦克行驶在冬季的森林里

"象"式坦克歼击车，1944 年 2 月在意大利进攻内图诺桥头堡时碰到地雷损毁了，据说属于第 653 重型坦克歼击营

克利夫兰坦克厂装配线上的 M41 轻型坦克

在德国明斯特坦克博物馆展出的 M48A2C 坦克

1968 年 8 月 2 日，美军第 1 骑兵师第 1 中队的一辆 M48A3 坦克在 29 号高地西北约 15 千米处陷入泥沼

临津江战役中被打废的一辆"百夫长"坦克

澳大利亚皇家装甲部队坦克博物馆展出的萨拉森装甲运兵车

在阿默斯福特展出的 AMX13 坦克

党卫军第 8 骑兵师的 38T 坦克歼击车，1944 年，匈牙利

法国索米尔装甲博物馆里展出的 AMX-50 坦克

1945年1月，在卢森堡马尔纵赫附近被摧毁的德国四号坦克歼击车

1945年3月15日，在德国哈尔加滕附近被打废的德国四号坦克歼击车

一辆被击毁的"黄蜂"自行榴弹炮，1944年7月左右，法国莫尔特雷附近

1945年4月，美军在德国武尔岑附近俘获的"野蜂"自行榴弹炮

1942 年 7 月 17 日，新西兰部队在阿拉曼附近摧毁的一门德国 88 毫米反坦克炮

行进中的玛蒂尔达坦克群，1941 年，利比亚图卜鲁格。沙漠是摩托化部队理想的作战地形

东线战场上的半履带摩托车

意大利内图诺附近，一队德国步兵走过一辆"豹"式坦克，旁边还有一辆费迪南坦克歼击车或"象"式坦克歼击车陷入了雨后的泥泞里

在苏联中部的一个村庄里，德军士兵在清理轻型装甲运兵车（Sd.Kfz.250）链条上的泥

中型步兵战车（Sd.Kfz.251）行驶在雪地上

乘员站在坦克炮塔上用望远镜查看情况

一架在北非战场被英军俘获的"鹳"式飞机

"鹳"式侦察机，这张照片收录于赫尔穆特·林德的苏联相册集

皇家空军一个中队在废弃的"鹳"式飞机机翼下设置了临时办公点，照片摄于西西里科米索

1944年8月1日，在贝桑地区维埃纳的第59师预备军官学校的教官们展示了3种德国反坦克武器，包括"坦克杀手"、两种类型的"铁拳"和反坦克地雷

背着"巴祖卡"的美军士兵，1944年8月，枫丹白露附近

"喀秋莎"多管火箭炮，德军称之为"斯大林管风琴"